大话无线室内分布系统

第 2 版

王振世 编著

机 械 工 业 出 版 社

我国的 LTE 的网络规模及用户规模无疑是世界第一。进一步挖掘 LTE 技术、LTE-A 技术、物联网技术、VoLTE 技术的潜力，关键场景在于室内。如何提升室内用户的体验是运营商赢得未来流量高地的关键。

本书在内容上不仅包含了室内分布的基本概念、室分器件在不同无线制式中应用的差异点，而且还包含了无线室分项目全流程工作的关键点，便于读者在整体上把握室分项目，也便于室分项目不同分工的读者各取所需、查阅参考。本书还包含了室分系统项目管理、室分系统在 LTE 时代面临的多系统共存等内容。书中列举了很多实际设计的案例，还有很多实际工程经验的总结，一定能够引起实际从业人员的共鸣。

"万物互联"是 5G 展望的应用愿景，室内导航、智能停车、智能办公等业务需求已经开始涌现。本书也将介绍 5G 时代室内分布的新特点。

本书是面向一线市场人员、室分项目管理人员、规划设计人员、技术支持人员和工程施工人员的，非常适合具备初步无线通信基础、有志于学习和实践室内分布系统工程项目的读者阅读。

图书在版编目（CIP）数据

大话无线室内分布系统/王振世编著 . —2 版 . —北京：机械工业出版社，2018.7

ISBN 978-7-111-60545-4

Ⅰ. ①大… Ⅱ. ①王… Ⅲ. ①码分多址移动通信-通信系统 Ⅳ. ①TN929.533

中国版本图书馆 CIP 数据核字（2018）第 166333 号

机械工业出版社（北京市百万庄大街 22 号　邮政编码　100037）
策划编辑：李馨馨　　责任编辑：陈文龙　李馨馨
责任校对：张艳霞　　责任印制：孙　炜

保定市中画美凯印刷有限公司印刷

2018 年 9 月第 2 版·第 1 次印刷
184mm×260mm·14.25 印张·346 千字
0 001-3 000 册
标准书号：ISBN 978-7-111-60545-4
定价：55.00 元

前　言

近些年来，LTE 的网络规模和用户规模不断发展。LTE-A 技术、NB-IoT 的物联网技术、VoLTE 技术，在 LTE 网络上得到了大量应用。为了充分挖掘 LTE 网络的潜力，一些 5G 的关键技术也将在 LTE 网上提前应用。

随着智能终端的能力越来越强，高清语音、高清视频、AR/VR 业务、室内导航、智能停车、智能办公等增值业务需求已经开始涌现，这些都对室内网络提出更高的要求。传统的室内覆盖方案，已经无法满足大容量、高密度、多元化业务场景下的用户体验。

根据 IMT-2020（5G）推进组预测，相比 2010 年，2020 年全球移动数据流量的增长将超过 200 倍，2030 年的增长将超过万倍，而物联网终端的规模也将发展到千亿级别。5G 时代移动数据流量爆发式的增长、丰富多彩的新业务需求也将主要发生在室内场景。

人们在室内进行无线通信的需求无论在 LTE 时代，还是在 5G 时代，都是非常强烈的，室内无线通信是运营商在无线通信战场上的战略高地。因此，室内分布系统是无线通信领域的一个重要分支。

室内覆盖是移动通信覆盖的一部分，它仍然遵循着无线通信的普遍规律。一个信息要发射出去，仍然要经过信源编码、信道编码、调制等关键过程，从天线口发射出去；然后在天线的接收端，经过解调、信道解码、信源解码等过程，把原始信息恢复出来。

室内分布信源以上的网络结构和室外网络并无不同，工程参数、无线参数的配置原理和室外网络也差别不大；但由于室内场景的特殊性，只有在天馈部分或者射频拉远部分采用分布式结构，才能均匀地覆盖室内场景，所以在工程参数规划设计的实战过程中，室内分布有它独特的地方。

3G、4G、5G 等不同制式射频侧的基本原则会有所差别，采用的无线电波频率也不一样；电波在室内分布射频拉远系统、天馈系统和室内的无线环境中传播，也会有一些差别。但 3G、4G、5G 等不同制式的室内分布规划设计和优化调整的原理和方法差别并不大，只是具体信源形态选择、天线挂点、天线数目、走线路由等规划思路不太一样。

有些厂家针对 5G 时代室内分布系统的新特征，提出了 ICS（室内全连接解决方案，Indoor Connected Solution），旨在提升室内移动业务体验，优化室内网络投资收益。但本书认为，ICS 是基站分布+天线分布的系统，也属于室内无线分布系统的一种，但在 5G 条件下有其特点。

本书分为三个篇章进行阐述。

第一篇介绍室内分布系统的基础知识，包括室内分布系统的重要性、发展历程、LTE、5G 时代的新趋势、市场格局、关键点等；室内分布系统的组成器件，如信源、射频器件、天线等内容；室内分布系统的项目管理要点。本篇内容非常适合室分系统项目的管理人员，或者初步接触室分项目的读者阅读。

第二篇介绍了在 LTE 和 5G 时代，室内分布系统的规划设计和施工建设新特点。规划设计的内容包括勘测设计、覆盖设计、容量设计、小区参数设计、切换设计、多系统共存设计等。室分系统设计的关键是天线数量、天线位置的设计，这也是室分系统在实际项目中比较难落地的原因。由于目前多家运营商拥有多个制式，在室分系统的天馈系统设计的过程中，还需注意多系统共存的要求。多系统共存的关键点是干扰抑制（隔离度）和功率匹配，即保证系统间互不干扰，又满足各自系统的覆盖质量需求。

室内场景多种多样，每种场景虽然都遵循室内分布设计的共同原则，但都会有其独特的地方，因此非常重要的一点是，结合室内覆盖的各种场景的特点进行规划设计。规划设计完成后，要进行室分系统的施工建设，施工建设要遵循规划设计的方案，同时做到美观、可靠。本篇内容非常适合室分系统的规划设计单位和施工建设单位的读者阅读。

第三篇介绍的是室分系统的收官动作：LTE 室内分布系统的优化调整和项目验收。优化调整的思路和室外覆盖非常相似，在保证硬件系统没有问题、覆盖容量满足设计要求的情况下，再解决室内分布系统常遇到的各种问题，如干扰控制的问题、切换失败的问题、业务质量低下的问题。室内分布系统的验收环节要明确运营商制定室分系统验收标准，通过验收测试的结果和标准进行比对，得出验收通过与否的结论。本篇内容非常适合室分项目优化人员和验收人员阅读。

本书再版时，把介绍的重点转向 LTE 时代，室分系统规划建设和优化调整的思路，有时会涉及其他无线制式的不同参数的具体取值，在选用的时候一定要注意它的适用场景与具体特点，不要轻易照抄照搬。另外，本书选用了一些室分系统常用的公式（多是在理想条件下推出的），在一定的室内环境、一定无线制式下使用时，也需要结合具体情况。也就是说本书不是手册类图书，而是思路方法类的图书；在实际应用过程中，思路和方法可以借鉴，但具体参数、具体公式的选用还需具体问题具体分析。

无线制式有很多，不同无线制式的室内分布系统会有一些特殊的考虑。本书以 LTE 为主介绍各种无线制式都适用的一般性思路、方法，如果是具体到其他无线制式的内容，会做出明确的表述。

本书非常适合初步接触 LTE、5G 无线室分工程的读者入门学习，也便于 LTE、5G 室分项目的管理者掌握工作要点，还可作为 LTE、5G 室分项目售前售后技术支持人员的参考书。

欢迎各位读者对本书提出改进意见，在阅读本书过程中发现的任何问题可以反馈给作者。作者联系方式：cougarwang@qq.com。

限于作者水平，加之时间仓促，错误和不妥之处在所难免，敬请广大读者不吝指正。

王振世

目　　录

第一篇　室内分布基础篇

第一篇　室内分布基础篇

第 1 章
不可见的室内照明——初识室分

夏日的中午，骄阳似火，分外刺眼；你，一个白领，快速走进公司的写字楼，光线适中，稍感舒适；走进大厅深处，突然照明系统出现故障，所有的会议室和封闭办公室都暗了下来，只靠室外的阳光无法满足室内办公环境的照明需求。这说明在结构复杂、面积较大、存在很多封闭空间的写字楼里，必须有自己单独的室内照明系统，否则写字楼里就会存在很多阳光照射不到的地方，影响员工的办公效率。

可见光是一种频率很高的电磁波，室内照明系统是把可见光均匀地照射在复杂楼宇各处的系统，也是一定意义上的室内分布系统，只不过它"分布"的不是用于无线电波收发的天线，而是发射可见光的电灯。

无线室内分布系统也可以看成一种室内"照明"系统，只不过它"照明"的效果不像灯光一样可见，是一种不可见的室内照明系统（见图1-1）。

图 1-1　照明系统与室分

室内分布系统（indoor Distributed Antenna System, iDAS），从字面上看，有三层含义："室内"（indoor）、"分布"（Distributed Antenna）、"系统"（System）。

首先，"室内"区别于"室外"，室内分布系统和室外分布系统最大的区别在于使用场景的不同。于是有室内、外天线的选型不同，天线的增益不同，天线的覆盖范围大小也不同，进而所需的天线布点的多少也不相同。

室内场景一般是指酒店、写字楼、购物场所、大型场馆、车站、机场、地下停车场等有无线覆盖需求的场所，一般选用体积较小、增益较低的吸顶天线或板状天线；室外分布系统使用的场景一般是生活小区、城中村、别墅区、校园等场所，选用天线的增益较大，单天线覆盖范围比室内天线大，因而需要的天线数量也比相同面积的室内环境少。

"分布"是相对于"集中"而言的。白天太阳升起，一个强度很大的"光源"照亮大地，可称之为"集中"；傍晚群星璀璨，无数强度不大的星星照亮夜空，可称之为"分布"。

在无线通信系统中，室外宏站一个扇区的天线以较大的功率发射无线电波，可以覆盖数千 m^2 的区域；而在室内，由于楼层和隔墙的阻挡，室外宏站的信号无法深入地、保质保量地覆盖室内空间，需要"小功率天线多点覆盖"，也就是说需要把小功率天线分布在室内多处，从而使无线信号均匀地覆盖到室内各处。无线通信系统的集中覆盖和分布覆盖示例如图 1-2 所示。

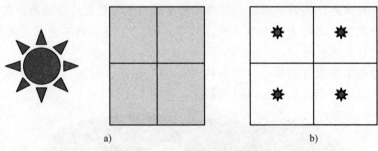

a)   b)

图 1-2　集中覆盖与分布覆盖
a) 集中覆盖　b) 分布覆盖

"系统"是相对于"个体"而言的。从哲学上说，二者是辩证统一的，有三层含义："系统"是由多个"个体"组成的；"系统"协调"个体"之间的关系完成特定的功能；"个体"的作用通过"系统"发挥出来。

组成室内分布系统的"个体"是各种功能的射频器件，包括三种类型：无线信号发生器件、无线信号传送器件和无线信号发射器件。也就是说，室内分布系统由信号源、传输器件和天线三大部分组成，如图 1-3 所示。信号源负责无线信号的产生，传输器件负责把无线信号传送到天线单元，而天线则负责把无线信号发射出去。

信号源　　　　　　传输器件　　　　分布天线

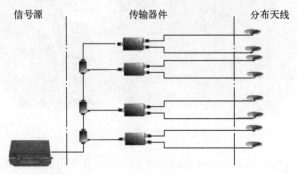

图 1-3　室内分布系统的组成

1.1 LTE 驻留比低的困惑——室内分布系统的重要性

全球首个 LTE 商用网络，是北欧最大的电信运营商 TeliaSonera，在 2009 年部署在挪威首都奥斯陆的 LTE 网络。中国移动也很早就加入了推动 LTE 商用化的行列。目前，中国移动不仅是我国 LTE 运营商的老大，而且是世界上 4G 网络部署和运营的前辈。

作为前辈，中国移动自然是 LTE 网络性能和用户体验的领跑者。但随着我国智能终端的快速发展，移动应用需求的爆发式增长，中国移动在领跑 4G 网络性能的过程中，逐渐发现一个问题：尽管 LTE 基站规模每年都大幅增长，但仍然有大量的 LTE 用户在很多时候无法驻留在 LTE 网络上。

这些无法驻留在 LTE 网络上的 LTE 用户，自然对运营商承诺的 4G 服务不满，他们由于自己的数据业务体验没有达到预期，而不断投诉。这样，作为我国运营商的老大，它体会不到领跑 LTE 网络的快感，而只能感觉到随时被 LTE 用户投诉的压力。

与此同时，GSM 和 TD-SCDMA 高数据业务流量的小区在很多场景大量存在，造成网络拥塞。LTE 网络在这些场景没有起到应有的分流作用。

中国移动在业务创新、技术创新的道路上不遗余力、艰苦跋涉，可是用户投诉上网速率低的问题还是十分棘手。回头看一下，中国电信、中国联通，这两家运营商虽起步略晚，但在 LTE 用户的发展上步子还是很快的。眼前的景象让中国移动不敢相信，揉一下朦胧的双眼，它清晰地看到竞争对手在 LTE 用户增长速度上超过了自己。

市场也太不公平了！经过全面研究和认真反省后，中国移动终于发现了一个最简单的道理：覆盖，尤其是 LTE 的室内覆盖才是 LTE 用户发展的关键。正如老百姓只有吃饱饭社会才安定一样，终端只有接收到 LTE 信号才能安心地驻留在 LTE 网络上。

LTE 室内覆盖的重要性在 LTE 发展初期并不是不言而喻的，而是痛定思痛后的彻悟。中国移动提供的大量数据表明，LTE 用户使用的业务发生在室内的概率高达 70%，尤其是高速下载类的业务，如图 1-4 所示。因此，要想快速发展 LTE 用户，室内覆盖不再是可选项，而是必选项。

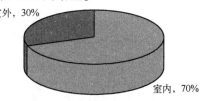

图 1-4 室内、外业务所占比例

在什么地方实现室内覆盖呢？再简单的结论，也要用数据说话。在发生数据业务话务量的各种室内场景中，写字楼等办公场所的话务占 30%，住宅、酒店等住宿场所占 25%，车站、机场等流动人员密集的场所占 26%，如图 1-5 所示。这三大类室内数据业务话务发生的重要场景，将是室内分布系统建设的重点。

光说不练假把式，中国移动知行合一、说到做到。2014 年之后的几年内，在我国的数据业务话务量密集的室内场景，包括城市中心和商业区的写字楼、宾馆，人口集中的住宅小区、校园、地铁等，中国移动完成了数万个站点的室内覆盖建设。不出意料的是，LTE 驻留比在这期间也快速增长，很多城市的 LTE 流量驻留比已经超过了 95%，由于无法驻留 LTE 网络导致的用户投诉也逐渐下降，最终稳住了我国 LTE 网络用户规模的老大位置。

中国移动在 LTE 室内覆盖建设的经验非常符合广大室分厂家的市场利益，大家纷纷摩拳擦掌，想把这个蛋糕做大，同时尽可能多地分食这块蛋糕。在多家运营商的持续关注及室分厂家的有力推动下，中国移动的经验在全球迅速达成共识，主要有以下两点：

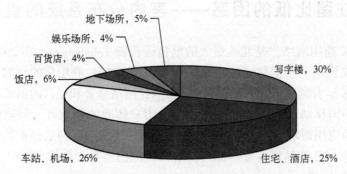

图1-5　室内不同场景业务话务量所占比重

1) 高价值客户主要在室内，LTE室内覆盖非常重要。

2) 室内覆盖的完善等同于用户数的增长，是吸引新客户、留住老客户的关键。

1.2　两个基本点——室内分布系统的使命

室内覆盖既然这么重要，是不是任何室内空间都需要建设室内分布系统呢？回答自然是否定的。那么如何判断一个建筑内部是用室外宏站覆盖，还是专门建设室内覆盖系统。

答案是把握两个基本点：盲点和热点（见图1-6）。

图1-6　盲点和热点
a) 热点　b) 盲点

"补盲补热"是室内分布系统的使命。问题的关键是什么是"盲点"？什么是"热点"？概括性较强的原则或标准在具体化的过程中往往有各种各样的问题和困难。正如问一个大龄剩女要找什么样的男朋友时，她说："我的要求很少，对我好就行，可是现在的男人太自私！""对我好"是标准，但如果不落在具体的男人身上，这个标准毫无现实意义。

"盲点"是指通过室外宏站难以有效完成良好、全面、深度覆盖的大楼区域。什么样的大楼容易出现"盲点"呢？结构复杂、穿透损耗较大的楼宇，如大型办公楼、高级酒店、综合商场等；还有一些场景室外信号压根无法进入，如地下停车场、地下商场、地下游乐场所、室内电梯等，这些区域容易出现盲点。

"热点"是无线用户密度相当大，对业务质量要求相当高的室内区域，尤其数据业务用户相对集中的地方，如大学校园、运营商营业厅、企事业单位集中办公楼等。这些场景不仅话务量大，而且高端用户较多，对运营商品牌的美誉度影响非常大。

"盲点"是室内场景覆盖角度的需求，"热点"则是室内场景容量角度的需求。专门的室内分布系统是重要大楼的"盲点"和"热点"问题解决的必然选择。

当然，"非盲非热"的室内场景就不需要费心费力地进行室分系统的建设了。这些场景包括穿透损耗小、结构简单、重要程度很低的扁平结构的楼宇，以及低矮的居民住宅。

1.3　前世今生——室内分布系统的发展历程

鲁迅说："其实地上本没有路，走的人多了，也便成了路。"套用鲁迅的话说："其实室内本没有覆盖，室内打电话的人多了，也便有了覆盖。"

在移动通信系统发展的初期，室内区域的无线信号覆盖完全是由室外宏蜂窝来提供的。室外覆盖室内是最早实现室内覆盖的方法，同时也是最方便快捷的方法，因此直到目前为止，它仍然是绝大多数室内环境的主要覆盖方法。

做得越完美，人们的期望越高。20 世纪 90 年代末，伴随着 GSM 网络的逐步发展和完善，人们不再认为在电梯、卫生间里打不通电话是理所当然的，很多人选择了对网络质量进行投诉或抱怨，也就是说人们对随时随地的通信需求日益强烈。

直放站伴随着对 GSM 室内覆盖的强烈需求横空出世。京信和虹信作为国内首批直放站生产厂商发现了室内通信的潜在需求，准确切入市场，催熟了我国直放站市场。

直放站，顾名思义，就是直接放大信号的站点，类似无线信号的中继放大器，最主要的功能是延伸覆盖，非常适合补盲的覆盖场景。

直放站就像传令官一样把上级领导的命令（施主基站的信号）传到较为边缘或较为封闭的区域。但是这个传令官（直放站）并不能保证所传的命令百分之百保持原意（有用信号），由于多种因素的影响引入了一些干扰因素（底噪会抬升）。也就是说，直放站用增加系统底噪的代价换取了覆盖延伸的好处。

直放站并不增加容量，而是借用了施主基站的容量，有时甚至会降低系统容量。因此在一些高话务的室内场景并不适用，也就是说直放站并不适合"补热"。

但是随着城市热点的日益增多，一些室内场景（如购物中心、会议中心、大型场馆、商务楼宇）的话务量增加迅猛，这些场景面临的不仅是覆盖问题，更多的是容量问题。于是微蜂窝技术应运而生。如果说宏蜂窝技术主要解决的是室外广域覆盖的问题，那微蜂窝则是非常适合解决局部区域盲点和热点的一门技术。

"青出于蓝而胜于蓝，冰水为之而寒于水"，微蜂窝是在宏蜂窝的基础上发展起来的，在解决局部热点区域的容量问题方面却比宏蜂窝技术更加切实可行。微蜂窝比宏蜂窝的发射功率小（GSM 的微蜂窝一般在 1W 以下），覆盖半径一般在 100 m 左右，相比宏蜂窝来说，其允许更小的频率复用距离，增加了单位面积可服务的用户总数。作为无线覆盖的补充，微蜂窝一般用于宏蜂窝无法覆盖到、但又有较大话务量的室内场景，也可以应用于密集城区的分层小区场景。

　　直放站和微蜂窝作为室内覆盖的信号源，技术上各有千秋。直放站不需要额外的基站设备和传输线路，安装简便灵活，成本较低，但抬升了系统底噪，降低了系统的容量；微蜂窝具有覆盖范围小、发射功率低，可大幅增加系统容量，但是组网成本较高。

　　随着经济的发展，楼房越来越高，面积越来越大，从信号源到各楼层分布天线的馈线长度要求越来越大，于是馈线的布线成本居高不下，馈线损耗也越来越大，很难满足远离信号源楼层边缘处的覆盖需求。为了使无线信号能够均匀地到达各楼层的各个角落，降低馈线使用的规模，迫切需要信号源靠近天线安装。

　　射频拉远技术实现了这一点。一般来讲，无线基站由射频部分和基带部分组成，现在将射频部分和基带部分分别放置在两个物理实体中，即 RRU（Radio Remote Unit）和 BBU（Base Band Unit）中，整个室内分布系统实现基带资源池共享，射频单元（RRU）通过光纤拉远；一个 BBU 可以通过光纤连接很多 RRU，如图 1-7 所示。

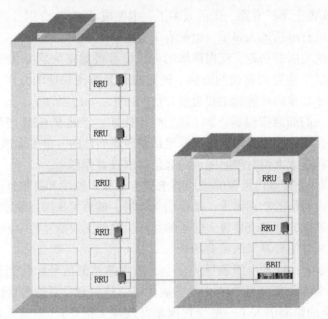

图 1-7　射频拉远技术图示

　　射频单元（RRU）可以设计得非常小，便于灵活安装；使用光纤，传输损耗非常小，几乎可以忽略，布线方便，成本较低。

1.4　着手 4G、着眼 5G——室内分布系统的发展趋势

　　国内各运营商的 4G 建设已经日臻完善，WLAN 热点区域的抢滩登陆、格局已定。物联网、5G 的发展规划也在酝酿之中。在面向未来的无线系统建设过程中，随着室外区域的网络质量越来越同质化，室内诸多场景的精细化覆盖已经不约而同地成为各运营商必争的战略高地（见图 1-8）。

图 1-8　着手 4G、着眼 5G

单一制式的室内分布系统在 LTE 网络建设的时代背景下，将会变得越来越没有竞争力。运营商在室内分布面临的考验是，不但要考虑 LTE 室内分布系统如何利用并兼容 2G、3G、WLAN 制式的室内分布系统，还要考虑物联网时代、5G 时代室内分布系统的演进和兼容问题。

多制式合路是室内分布系统发展的必然趋势。这不仅意味着同一运营商内的不同制式在室内的合路，也意味着多运营商多制式的室内分布系统的整合。不可能希望大型楼宇的物业允许多个运营商为了不同制式的无线室内覆盖，一遍又一遍地进入大楼施工改造，唯一的出路是在一个新大楼落成的时候，大楼已经具备多个无线系统的统一接入点，支持包括 GSM900、DCS1800、CDMA2000、WCDMA、TD-SCDMA、WLAN、LTE、NB-IoT、5G 等多个制式。这样既避免了反复的物业准入申请，又避免了重复建设。

信源的小型化是室内分布系统的又一个发展趋势。小型化的目的是方便灵活安装，尽可能地靠近天线，实现小功率天线的多点覆盖，使无线信号更加均匀地分布在最终用户使用的室内场景。最终小型化的信源可能进入家庭，类似于电视机上的机顶盒，满足智能家居中，无线数据业务的高速大容量需求。

5G 时代，室内全连接解决方案的关键点是灵活、智能、高效的小基站、皮站、飞站的引入，可以称之为 Small Cell、Pico RRU、Femoto RRU。这些信源设备集成度高，站址及场景选择灵活，不需要机房等配套设施，部署方便，而且能有效满足高流量、高连接、高移动的业务需求。

IP 化也是室内分布系统的发展趋势。小型化的 RRU 通过网线（五类线）与集线器（Hub）相连，由集线器（Hub）通过光纤和 BBU 连接。无线用户接入的最后几十米 IP 化，可以使室内分布系统组网更加灵活方便，如图 1-9 所示。因为一般楼宇内综合布线系统中都考虑了网线的分布，所以网线资源是非常容易获取的。

传统室内分布建设方式 DAS（分布式天线系统）虽然可以提供比较好的覆盖，但在 5G 时代，DAS 部署困难、对场地所有者过度依赖、容量增长能力有限、关键技术演进受限的问题就显现出来了。

在 5G 网络时代，室内分布系统必然从天线分布发展为射频拉远的分布，即从 DAS 发展到 DBS（Distributed Base Station）或者是 DAS 和 DBS 的共存。

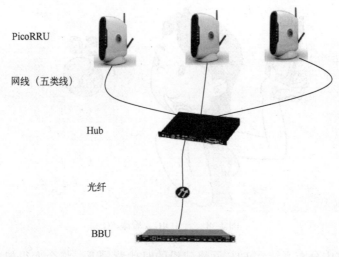

图 1-9　IP 化的室内信源系统

5G 时代，不仅需要实现光纤级的接入速度、零时延的用户体验、海量节点的接入能力，还要实现超高流量密度、超高连接数密度和超高移动性的支撑；在 5G 网络时代，移动互联网及物联网的应用范围及深度将大幅拓展，5G 的典型应用将渗透到用户居住、工作、休闲等各个领域，特别是城市密集区域。

高频段传输、设备与设备间通信、大规模天线阵列，密集组网，上下行完全解耦等，是 5G 的关键技术。5G 的室内覆盖应适应 5G 业务要求及关键技术的发展趋势，能够不局限于传统组网方案，大胆运用新技术，实现基于不同场景及条件的灵活部署；能够拥有强大的扩展能力及定制能力，能够实现控制与承载资源分离，支持控制面与用户面独立扩展和演进，基于集中控制功能，实现多种网络部署场景下，网络智能优化和高效管理；能够根据设备能力、频谱资源、业务性能要求及用户需求，实现网络资源的灵活调配和网络功能的灵活部署，同时降低网络部署成本和运维成本。

5G 时代的室内分布系统，为了满足 eMBB（增强移动宽带）业务 10 Gbit/s 以上的体验峰值速率和 10 Mbit/（s·m²）流量密度的要求，需要支撑 100 MHz 以上的网络带宽，和 MIMO 大规模部署，还要支持 C-band（3.7~4.2 GHz 的一段频带，作为通信卫星下行传输信号的频段）和毫米波，同时通过小区动态分裂、多载波聚合和高阶调制等技术，灵活满足网络流量在区域和时间分布上的潮汐现象，无源天线难以满足上诉要求，5G 室内网络需要天线端有源化。

传统的射频电缆和室分耦合器件不支持 5G NR（New Radio，新空口）新频段，在这种情况下，面向 5G 演进，使室内网络架构具备快速引入 5G NR 能力，就比较困难，需要重新部署，而在室内全部重新部署新的射频电缆成本很高，有些地方甚至没有空间，已无法部署。运营商需要从现在开始，在室内部署大带宽、轻量化的传输，如网线、光纤等，以代替笨重的射频电缆，可以通过快速叠加 5G NR 模块开展 5G 移动新业务，在一段时间内，形成 LTE 和 5G NR 融合组网，提供类似 5G 网络的极致体验服务。

室分网络设备的进场部署，需要与物业、业主协调、安装和调试，过程复杂，进场维护的成本很高。在 5G 时代，可视化运营维护成为基本要求，实时监测室分网络海量器件和其他网元设备的工作状态，自动根据周边信道条件和用户密度自优化网络资源分配，在网络出现故障时自动诊断和愈合，最大化减少人工介入以降低运维成本，从而大大节省运营商的运维成本（OPEX）。

在5G时代，室内网络需要具备提供高清视频、无线VR/AR、室内精准位置定位、导航、大数据分析等新业务的能力。以室内精准位置定位为例，传统的DAS小区级定位范围是50~100 m，而数字化室分系统的定位精度为5~7 m，甚至更高，同时还可以对外开放接口，成为各种第三方移动业务（包括位置服务LBS业务）应用开发的平台（见图1-10）。

图1-10 室内定位导航的应用

1.5 战火纷飞——室分市场格局论述

室分系统的市场分为两大块：室分器件或设备市场和室分系统集成市场。参与该市场的国内外厂家众多，包括京信、虹信、国人、云海、三维、奥维、阿尔创、PowerWave等公司（排名不分先后）。

任何行业市场格局的发展都会经历类似春秋战国这样的历史演变过程。

在行业发展的初期，很多人看到了行业的发展前景，产业资本如潮水一般逐利而行，一时间涌出数量众多的厂商，市场格局进入了春秋时期诸侯并列的时代。2000年左右的室分市场就是处于这样一个时期，从事室分器件销售、参与室分系统集成的厂家高达100多家。

但是多数厂家并没有自主研发和自主生产的能力，市场往往是大浪淘沙、优胜劣汰，行业集中度在不断提高。运营商实行室分系统的集中招标后，市场格局迅速进入了战国争雄时代。市场份额不断向具有自主研发能力、资本实力雄厚和营销网络完善的几大厂商集中。京信、虹信、国人等厂家稳居大国地位，是室分市场的龙头厂家。

从2010年以前室分系统集成市场的公布份额可以看出，国内室分市场基本形成了三大梯队：以京信、虹信、国人为代表的第一梯队，具有较大的资金实力和较强的研发实力，市场范围覆盖全国，市场份额总和达到60%以上；以云海、三维、奥维为代表的第二梯队，是一些室分系统的区域优势厂家，它们的区域客户关系良好，市场份额总和在20%以上；第三梯队则是那些局限在某一个省或几个省的小公司，整体市场份额正快速下降。

伴随着三大运营商LTE的大规模建设，铁塔公司发挥的作用越来越大，目前室分市场的发展呈现了新的趋势。

首先，室分市场的蛋糕越来越大。在 2G、3G 时代，国内室分市场的规模在 70 亿元左右（2010 年年初）；随着 LTE 的大规模建设，室分市场规模增加到 100 亿元以上；随着 5G 的脚步越来越近，运营商将进一步加大室内覆盖的投入，室分市场将成为 5G 网络建设和发展的竞争核心，市场规模可达到 200 亿元以上。

2017 年，中国移动 LTE 的室内站点数目已经接近了室外站点数目；联通在最近三年时间内建设的 LTE 室内站点数接近了联通 GSM 网络 15 年建设的室内站点规模；电信 LTE 室内站点规模也在逐年增长，规模接近了 2、3G 室内站点的网络存量。

其次，直放站的市场规模进一步下降，RRU 的市场份额将稳步提升。在 2G 时代，中国移动和中国联通的 2G 网络规模大，用户多，直放站需求量大，一直是室内分布系统的主导信源。

自 2005 年以来，CDMA 直放站市场规模急剧萎缩。2006 年开始，GSM 直放站市场规模出现较大幅度下降。既能补盲又能补热的 RRU 逐渐成为室内分布系统的新宠，尤其是在 LTE 大规模建设的过程中，RRU 代替直放站已经成为市场发展的必然。

再次，主设备厂家将进入室分集成市场。由于 BBU 和 RRU 是基站的一种分体形态，技术上主设备厂家更具优势，在 LTE 室内分布建设的浪潮中，主设备厂家（如中兴、华为）不可能坐视室分系统集成这块的利润白白从身边溜走，凭借着对 LTE 技术的深刻理解和室内、室外整网性能优化的丰富经验，其必然加入这一市场的角逐。但传统的室分厂家并非没有优势，其产业链控制力会比主设备厂家强很多，尤其是在客户关系、楼宇准入、分布系统配套等方面具有不可忽略的优势。

最后，随着 5G 系统的部署，Small Cell、Femto Cell、Pico Cell 等小基站将大行其道（见图 1-11）。国内 5G 网络的工作频谱多数将分配在更高频段，穿透损耗更加明显，深度覆盖不足将是 5G 网络面临的主要难题。有难题就有需求，有需求，就有市场。各种类型的小基站将在补盲覆盖的同时，起到分流室内数据业务的作用，有效减轻了室外站的负荷，以其低功耗、占用空间小、美观，低运营成本等优势，成为室分市场上的新宠。

图 1-11　5G 时代的室分

室分市场的战局会如何演变,让我们拭目以待吧!

1.6 纲举目张——室分关键点

东汉末年著名的经学大师郑玄说:"举一纲而万目张,解一卷而众篇明。"室内分布的建设有没有这样一个总纲,只要把这个"总纲"举起来,其他的"网眼"自然就舒张开来?回答是肯定的。

室内分布系统的"纲"就是"覆盖",5G 时代的室内全连接系统的"纲"也是"覆盖"。这个"覆盖"的要求可不是有信号这么简单,而是更加苛刻,要求做到"均匀覆盖""深度覆盖""立体覆盖""准确覆盖""随波逐流的覆盖"。要做到这些,并不容易。

当拎起"室内覆盖"这个纲的时候,舒张开的"网眼"会呈现出各种各样的问题和挑战。

(1)均匀覆盖

大家希望无线信号均匀地覆盖在室内的各个角落,就像晚春清晨的阳光柔和地洒满大地,不多、不少,让人们舒畅自然地沉浸其中。

但是当你想要实现室内均匀覆盖的目标时,经常会碰到物业准入的难题。"无钱免谈"的物业难题还不是大问题。有时候物业难题不是钱的问题,安全问题、保密问题、装修问题都可能是物业或业主拒绝进楼施工的理由。

一方面投诉你的网络信号不好,另一方面又阻止你施工建设,这是一个左右为难的情况。做点事业还真的很难,不是技术方面的难,是做人方面的难。不过幸好,一些专门从事物业准入谈判的公司可以帮忙,省去运营商物业谈判所费的周折。

物业准入以后,实现均匀覆盖的目标仍然困难重重,供电问题、走线问题也是室内分布系统建设经常会碰到的难题。室内配套设施改造量大,不能快速完成施工,可能被旷日持久地拖延下去;还有的楼宇很难找到新的天线挂点,很难找到合适的 RRU 安装位置;甚至好不容易安装好的 RRU 一夜之间被小偷拿走当废铁卖掉。

一句话,室内信号均匀覆盖的技术难度不大,物业准入、配套设施、工程安装等非技术问题才是困难所在。

(2)深度覆盖

无线电波如果能够穿越重重障碍到达大楼的各个角落,那就好办了,实现楼宇的深度覆盖就不那么困难了。但很多大楼的主体采用钢筋混凝土结构,还辅以多种其他建筑材料,如玻璃幕墙,而且楼体结构复杂多样,存在大量独立的、相对封闭的空间,如图 1-12 所示,楼体的穿透损耗难以确定,单一手段难以实现深度覆盖。

室内的无线传播环境非常复杂,无线信号的路径损耗(简称路损)的波动巨大,同一地点不同时间终端收到的无线信号强度变化较大,无主服务小区现象比较普遍,深度覆盖困难。尤其在 LTE 室内分布系统

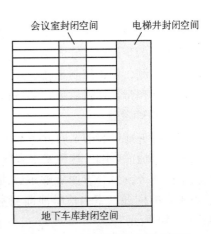

图 1-12 大楼深度覆盖困难场景

建设的过程中，这一问题更加严重。LTE 制式室内覆盖使用的频率一般都在 2.3 GHz 或者更高，因此，传播损耗比 GSM900 的损耗大 6~11 dB，深度覆盖能力弱于 2G。也就是说，LTE 室内覆盖需要的天线数目要多于 2G。

在 5G 时代，会使用毫米波做移动通信，室分系统使用的频率将达到 6 GHz 以上。但地球上有点无线通信常识的人都晓得，频率越高，无线电波的绕射性能越差，相应的衰落越大。也就是说，5G 信号在自由空间的传播损耗将比 LTE 信号大 9.5~20 dB，深度覆盖能力相对于 LTE 来说，就更弱了。

（3）立体覆盖

现在大中城市的密集商业区，高楼林立，举例来说，在我国香港的铜锣湾地区，1 km² 平均 630 栋高楼，平均楼高达 45 m。伴随着不断刷新的"亚洲第一"高楼，不断涌现的"地王"标志性建筑，平面覆盖的二维思维已经不再适应这一形势。小区的覆盖范围不再是二维平面的概念，而是三维立体空间的概念，如图 1-13 所示。

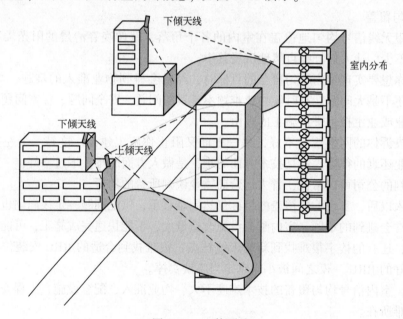

图 1-13 立体覆盖

立体地划分空间小区，需要考虑室内、室外的有机配合，高矮楼层的协调统一。密集城区立体覆盖的难处也正好体现于此：高矮楼层互相干扰，室内外难以配合。空间小区的覆盖范围难以控制，干扰控制难度较大。楼宇高层导频污染严重、窗边切换控制难度大；低矮楼层室内外切换带、切换参数的调整难度大。

（4）精确覆盖

好不容易建设起的室内分布系统，希望它能够很好地服务室内的话务，同时不要对室外的通信质量造成影响。这就要求室内分布系统能够实现精确覆盖的目标，一方面能够很好地吸收室内话务，另一方面能够不要泄漏到室外，对室外用户造成影响。而目前来看，室内话务吸收的问题、室内信号泄漏到室外的问题，恰恰是室分系统建设中碰到的常见问题，如图 1-14 所示。

室内分布系统不吸收话务，一般发生在楼宇高层，通常是由于室外信号太强，泄漏在室内造成的，但本质上是室内外协同规划没有做好。信号外泄则常发生在楼宇底层，室内信号不规矩，跑到自己不该出现的地方，如室外的快速道路上，凡是过往车辆上的用户都会被它影响一下，掉话、接入失败等网络问题自然增多。

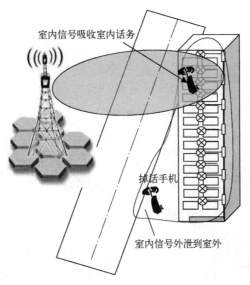

室内信号吸收室内话务

掉话手机

室内信号外泄到室外

图 1-14　室外信号飘入室内及室内信号泄漏室外

（5）随波逐流的覆盖

城市密集城区的高楼用户集中、话务量大，但是各楼层之间话务并不均衡。密集城区重点大楼和居民生活小区在工作日存在明显的话务潮汐现象，密集城区的忙时一般出现在上午的 9~11 时，而居民生活小区的忙时则出现在晚上 8~10 时。

室内用户行为不确定性较大，LTE、5G 数据业务突发性、浪涌性增大。室内话务热点迁移速度快，如一个大公司的分部迁入写字楼的一层或者迁出写字楼的一层，对话务分布的影响非常大。上述种种原因就会导致部分小区的话务拥塞和一些小区的利用率不足同时存在。这就迫切要求室内分布系统能够提高自己的话务适应性，精确扩容、灵活划分小区，做到随波逐流的覆盖，如图 1-15 所示。

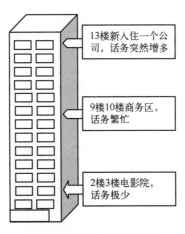

13楼新入住一个公司，话务突然增多

9楼10楼商务区，话务繁忙

2楼3楼电影院，话务极少

图 1-15　随波逐流的覆盖

　　总而言之，实现室内环境的"均匀覆盖""深度覆盖""立体覆盖""准确覆盖""随波逐流的覆盖"，不仅是室分系统建设的目标，也是室分系统建设的关键点和着眼点（见图1-16），实现过程中也会面临这样或那样的困难，表1-1做了简单总结。本书将在后面的章节中详细阐述克服困难、实现目标的思路。

图1-16　室内分布系统面临的问题

表1-1　室内覆盖目标和实现难点

目　　标	实　现　难　点
均匀覆盖	物业准入困难、安装位置难以确定
	配套设施改造工程量大
深度覆盖	建筑材料复杂，封闭空间多、穿透损耗大
	室内的无线传播环境复杂，路损的波动巨大
立体覆盖	小区覆盖范围是三维立体空间
	高矮楼层互相干扰，室内外难以配合
精确覆盖	室内话务吸收少
	室内信号外泄严重
随波逐流的覆盖	用户行为不确定性较大，话务潮汐、话务迁移现象严重
	数据业务突发性、浪涌性增大

第 2 章

新闻的收集和发布——室分器件介绍

日常生活中经常可以接触到各种新闻媒体。遍布世界各地的大量记者把采访到的信息汇总到某新闻机构，该机构把收集到的信息进行分析和处理，然后通过媒体发布网络（报刊亭、广播电视网络等）发布到各地。这个新闻机构的信息采集网络和发布网络也是一个分布系统，由各种分支机构和多种形式的新闻收集和发布者组成，如图 2-1 所示。

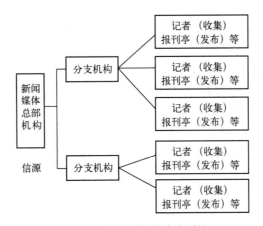

图 2-1　新闻机构的分布系统

这个新闻媒体的总部类似于信源，只不过这个信源不是信号源（无线信号的接收、处理和发送），而是信息源（新闻信息的收集、处理和发布）。

注：这里的"源"是指"信息源"或"信号源"，而不同于"有源、无源"中"源"（指"电源"）的含义。

认识事物可以从宏观到微观，也可以从微观到宏观；可以从一般到具体，也可以从具体到一般。但我认为至少在通信工程里认识一个系统最好的方法是"大处着眼、小处着手"。也就是在对系统整体的特性、用途有朦胧认识的基础上，一个一个地掌握每一个组成器件，反过来进一步强化对整体系统的理解。

组成室内分布系统的器件有很多种，可谓成分复杂、形态各异。每个器件各司其职，又彼此协作，共同成就室分系统无线信号覆盖的角色。第 1 章概要地介绍了室内分布系统，使大家对室分系统有一个总体的认识；本章采用分门别类和逐一展开相结合的方式来介绍室分器件，使大家对室分系统的组成细节有进一步的了解。

2.1 "源"来如此——有源器件与无源器件

大家知道，室分器件从其在室内分布系统中的作用上讲，可以分为信号发生器件（信号源）、信号传送器件（功率分配器件、功率传送器件、功率放大器件）、信号发射器件（天线）。而从是否需要（电）源的角度，室分器件可以分为有源器件和无源器件。那么什么是"源"？有源器件和无源器件有什么区别和联系？

"源"，英文为"Source"，指事物发生的原始根由，也就是说，没有"源"，该事物就不可能发生。有源与无源的概念不仅在电学元器件中有，在机械、流体、热力、声学等领域均有这种概念。"源"在不同领域所指的具体事务是不同的，但"有源"物体的共同特点是其特性、功能、作用必须在"源"的存在下才能表现出来，不管这个"源"是外加的、还是内置的；"无源"物体的共同特点是不依靠外加或内置的"源"就独立能表现出其特性、功能、作用。这里的"特性"是指描述器件输入和输出的某种关系量。

电子元器件中的"源"一般是指电源（直流或交流）。简单地讲，器件本身需要能（电）源才能表现出其特性、功能的器件叫作有源器件，无需能（电）源就能发挥其作用的器件就是无源器件。日常生活中，家里的音箱就有"有源"和"无源"之分。计算机的外接音箱一般是有源音箱，内置功率放大器；而无源音箱，不带功率放大器（简称功放或放大器），不用插电源，直接使用便可。

器件是由元器件组成的。无源元器件主要是一些电阻类、电感类和电容类元件，只要有信号，无须在电路中加电源也可工作；有源元器件一般是二极管、晶体管等电子管，它们只有在外加电源时才能发挥作用。

无源器件最基本的组成就是无源元器件，不会存在有源元器件。室内分布系统无源器件的作用有信号传输（如馈线）、功率分配（如功分器、耦合器）、通过集中信号的发射方向进行"信号放大"（如天线）等。

有源器件最核心的组成就是有源元器件，当然也需要无源元器件。有源元器件一般用于功率放大（如直放站、干放）、信号变换（如信源）等。一切无线信号变换的功能，如振荡、放大、调制、解调等功能都离不开有源元器件，因此有源元器件是信源的核心组成部分。

表2-1为室内分布系统中有源器件和无源器件的分类归属总结。

表2-1 室内分布系统的有源和无源元器件

	信号发生器件	信号传送器件			信号发射器件
	信号源	功率放大器件	功率分配器件	功率传送器件	
有源器件	宏基站、微基站、RRU、Small Cell、Pico Cell、Femto Cell 直放站、AP	干放	—	—	—
无源器件	—	—	功分器、耦合器、电桥	合路器、衰减器、馈线、转接头、负载	天线

2.2 大货车、小货车、手推车——基站信源

上级领导要求把一批货物派送到城里某一区域的每个居民家里。如果居民家门前的马路足够宽，可以开着大货车把货物送到门口；但是多数居民家门前的马路只够一辆小货车进入，于是需要把货物分装在几个小货车上；还有很多居民家门前只有一人进出的道路，只好用手推车把货物分发过去了，如图 2-2 所示。

大货车携带的货物多（容量大），但是进出不方便，需要专门车道（宏蜂窝基站安装不灵活，需要专用机房）；小货车比大货车灵活一些，但不如手推车方便（类似微蜂窝基站）；而手推车进出灵活，无须宽大的道路（RRU 安装灵活），但所装货物有限（容量较小），且不远处应该有存放货物的位置（类似于基带资源池）。

图 2-2　大卡车、小货车、手推车

信源的主要作用是提供无线信号，或者接收终端上行信号，以满足覆盖需求。所有类型的信源均需要供电，均为有源设备。

宏蜂窝、微蜂窝都是具备基站完整功能的信源，包括射频处理子系统和基带处理子系统两部分。射频处理子系统负责把数据信息调制成无线信号发射出去，同时负责把接收下来的经过滤波的无线信号解调成数据信息传给基带处理单元。基带处理子系统负责信道编解码、上下变频、交织、扩频（WCDMA 制式）、加扰（WCDMA 制式）等处理过程。

如果分别把射频功能和基带功能放在两个物理实体中，两个物理实体可以用光纤连接，实现射频功能拉远。射频拉远单元称为 RRU（Radio Remote Unit），基带处理单元称为 BBU（Base Band Unit）。

一般来说，宏蜂窝支持的输出功率大、覆盖范围大、可支持的载波数较多、小区数多、话务量大，但对机房条件要求严格，安装困难；而微蜂窝基站和 RRU 体积较小、安装灵活，但支持的覆盖范围一般，载波数和小区数都较少。

在室分系统具体设计的过程中，不同厂家、不同制式、不同型号基站的产品特性是不一样的，要查询各自的宏蜂窝、微蜂窝、RRU 的具体产品说明，了解其关键特性。

举例来说，某厂家 LTE RRU 的单通道最大发射功率为 43 dBm（20 W）（dBm 和 W 的对

应关系见表2-2），如果该RRU有两个通道，那么总的RRU输出功率为43 dBm+10lg2＝46 dBm（40 W）。当每扇区双载波组网时，每载波单通道最大输出功率降为43 dBm-10lg2＝40 dBm（10 W）。这时，LTE RS参考信号的功率可设为10 dBm（10 mW），功率大约是每载波单通道功率的千分之一。

表2-2　dBm和W的对应关系

dBm	mW	dBm	W
0 dBm	1 mW	30 dBm	1 W
2 dBm	1.6 mW	31 dBm	1.3 W
3 dBm	2 mW	32 dBm	1.6 W
4 dBm	2.5 mW	33 dBm	2 W
5 dBm	3.2 mW	34 dBm	2.5 W
6 dBm	4 mW	35 dBm	3.2 W
8 dBm	6.3 mW	36 dBm	4 W
9 dBm	8 mW	37 dBm	5 W
10 dBm	10 mW	38 dBm	6.3 W
12 dBm	16 mW	39 dBm	8 W
13 dBm	20 mW	40 dBm	10 W
14 dBm	25 mW	41 dBm	13 W
15 dBm	32 mW	42 dBm	16 W
16 dBm	40 mW	43 dBm	20 W
17 dBm	50 mW	44 dBm	25 W
18 dBm	63 mW	45 dBm	32 W
20 dBm	100 mW	46 dBm	40 W
23 dBm	200 mW	47 dBm	50 W
24 dBm	251 mW	48 dBm	63 W
27 dBm	501 mW	49 dBm	79 W
29 dBm	794 mW	50 dBm	100 W

该厂家LTE的皮站（Pico RRU）单载波最大输出功率为27 dBm（501 mW），最大支持两载波，最大输出功率为30 dBm（1 W）。LTE参考信号（RS）的功率可设为0 dBm（1 mW）。还有一种飞基站，可以射频拉远，称之为Femto Site，机顶口最大输出功率小于20 dBm（100 mW），只支持单载波组网，LTE参考信号（RS）的功率可设为-10 dBm（0.1 mW）。

2.2.1　信源输出功率与覆盖范围

信源的输出功率代表该信源覆盖范围的大小。

假设每载波单通道最大输出功率为40 dBm，机顶口参考信号（RS）的功率为10 dBm，天线口参考信号（RS）的功率为-20 dBm（单天线的覆盖面积约为300 m^2，计算过程详见后面章节），那么它能覆盖多大范围的室内环境呢？

这里的关键是求出这样的信源能够带多少个天线？假设从信源机顶口到天线口的所有损耗是13 dB（包括馈线损耗、器件插入损耗和天线增益的综合结果），那么允许的天线分配损耗是

$$10\,dB-13\,dB-(-20)\,dB=17\,dB$$

这里的分配损耗其实就是由于总资源分配成很多份，从而造成的每份资源相对总资源的差距。假如一个蛋糕切两半，每个人得到半个蛋糕，则分配损耗为3 dB（10lg2）；10 个人分蛋糕，则分配损耗为10 dB（10lg10）。

假设有 x 个天线参与分配信源的功率，则有

$$10\lg x=17$$

于是 $x=50$，该宏基站信源可以携带 50 个天线，可以覆盖的室内面积为 50×300 m$^2=15000$ m^2。

使用 Femto Site 作室内信源时，机顶口参考信号（RS）的功率为-12 dBm，天线口 RS 的输出功率还是-20 dBm，由于这种 Femto 体积小，便于靠近天线端安装，馈线损耗较小，可以只考虑 5 dB 的损耗，假设可以携带 y 个天线，则有

$$-12-5-(-20)=10\lg y$$

于是 $y=2$，该 Femto 信源可以携带 2 个天线，可以覆盖的室内面积为 2×300 m$^2=600$ m^2。

LTE 室内基站信源机顶口的功率大小和其覆盖范围的关系可以参考表 2-3。参考此表时需要注意以下几点：

表 2-3　信源输出功率和覆盖范围示例表

信　源	宏　基　站			微　基　站		RRU	Pico RRU
机顶口输出总功率/W	40			10		10	0.25
载波数/个	1	2	4	1	2	2	1
机顶口单载波功率/W	40	20	10	10	5	5	0.25
机顶口 RS 信道功率/dBm	10	7	4	4	1	1	-12
考虑的过程损耗/dB	13	13	13	13	10	10	5
允许的分配损耗/dB	17	14	11	11	11	11	3
天线数目/个	50	25	12	12	12	12	2
覆盖范围/m^2	15000	7500	3600	3600	3600	3600	600

1）该表的天线口参考信号（RS）设计的输出功率是-20 dBm。

2）不同厂家宏基站、微基站、RRU、Pico RRU 支持功率不一样，支持的载波数不一样，这里的输出功率只是 LTE 基站常见的数值。

3）不同制式的 RS 信道功率和总功率的关系不一样，需要具体问题具体分析。

4）不同大楼从机顶口到天线口的馈线损耗、器件的插入损耗不一样，考虑的过程损耗也是不一样的。

5）不同室内环境下，同样的天线口输出功率，覆盖半径不同，进而覆盖面积也不同，这里统一按每个天线覆盖 300 m^2 计算。

2.2.2 信源载波数和支持的用户数

信源的载波数的多少代表着支持用户数的多少。

单扇区载波数越多，每载波输出功率就越小，覆盖范围减少；但是每扇区支持的用户数将会增多，即支持的容量会增加（见图2-3）。

图2-3 载波数与用户数

描述一个基站的容量支撑能力，一般用"扇区数×载波数"来表示，当一个载波对应一个小区时，这个式子的值一般相当于支撑的小区数（如果多个载波是一个小区或者几个扇区是一个小区，这个关系就不存在了）。

当一个无线制式的宏基站支撑6个扇区时，每个扇区最多2个载波，那么它支持的是6×2配置。这里1个扇区的1个载波一般就是1个小区，6×2=12，即支持12个小区；当这个宏基站支撑3个扇区，每扇区最大支持4个载波时，那么它支持的是3×4配置，即支持12个小区。

LTE制式常见的站型配置是3×2，即有3个扇区，每个扇区2个载波。室内站的配置为1×2，即1个扇区，2个载波。

LTE最大单载波为20 MHz，20 MHz除以180 kHz（一个RB），约等于100。20 MHz单载波在1 ms内，可支持100个用户同时通话。那么，在理想RF条件下，在20 ms内，VoLTE就可支持2000个用户同时通话。当然，在实际情况下，无线环境的不同，会影响VoLTE的业务速率和接入用户数。一个LTE小区都用来支撑VoLTE语音，用户数实际能达到400～500。一个LTE基站假设有3个小区，则可以支撑1500个以上的VoLTE用户。

而LTE的一些小的RRU只支持一个扇区，一个载波，也只支持1个小区，这样一个RRU支持的同时在线的VoLTE用户数可以在400个以上。

当谈到站点配置时，经常会看到"S222"或者"O6"这样的字样。"S"是"Sector"

的意思，即该站点不止一个扇区；"S222"其实就是"3×2"配置，表示 3 个扇区，每扇区 2 个载波；"O"是"Omnidirectional"的意思，即全向站，"O6"表示 1 个扇区，6 个载波。一般来说，室外站多见"S"站，室内站多见"O"站。但不能一概而论，在农村等空旷区域的室外站，也有很多"O"站；而当室内室外共享宏站基带资源池时，也有一些"S"站。

LTE 室内基站信源支持的配置和同时在线的用户规模的关系可以参考表 2-4。参考此表时需要注意以下几点：

表 2-4　信源支持的容量配置和同时在线的用户规模

信　　源	宏　基　站		微　基　站		RRU	Pico RRU
支持的配置	3×2	3×1	3×1	1×1	1×2	1×1
支持的小区数/个	6	3	3	1	2	1
支持的同时在线 WCDMA 语音用户数/个	2400	1200	1200	400	800	400

1）不同厂家宏基站、微基站、RRU、Pico RRU 支持的最大配置是不同的，这里列出的配置只是 LTE 基站信源常见的配置。

2）这里的一个扇区的一个载波就是一个小区，没有包括多载波一个小区或者多扇区一个小区的情况。

3）不同制式的小区支持的同时在线用户数是不一样的，而且小区的理论极限用户和实际现网支持的用户不一样。这里一个 LTE 小区支持的同时在线用户数按 400 个语音用户计算。此计算值只是一个参考，计算时需要考虑不同厂商、不同制式、不同设备、不同业务的实际支撑能力。

描述一个基站的容量支撑能力还可用"天线通道数×载波数（Antenna X Carriers，AXC）"来表示。这种标识方法，主要可以表征无线通信基站的光口板 Ir（RRU 和 BBU 之间的接口，有的厂家也叫 CPRI 接口）的光口处理能力。

比如，2.5G 带宽能承载 48 个 AXC（TD-SCDMA 载波），6.144G 带宽承载 120 个 AXC，假如某公司八通道 RRU 设备（型号为 DRRU3158e-fa）配了 3 载波，那么需要 8×3 = 24AXC，那么，一条 2.5G 带宽的光纤最多只能承载 48÷24 = 2 个 DRRU3158e-fa 设备。

再比如，该公司型号为 DRRU3158i-fa 的 RRU，8 通道，最大支持 18 个载波，它的最大容量能力为 144AXC。144÷48 = 3，即如果这样的 RRU 在满载波配置的情况下，至少需要 3 条 2.5G 的光纤，或者是 2 条 6.144G 的光纤。

2.2.3　信源的配套特性

信源的配套特性是室分设计的重要考虑因素。

在选择和安装信源时一定要注意：要么让基站适应安装环境，要么让安装环境适应基站。除此之外，别无他法。

基站信源持续正常工作是需要一定环境条件的，即强调基站和安装环境的协调统一。室内放置型基站要求机房具备一定的环境温度和环境湿度；室外安装型基站本身会配备适宜基站稳定工作的、一定温度和一定湿度的机柜环境，所以一般比同类室内放置型基站要重一些，这样的基站，一般既可以工作在寒冷的西伯利亚，也可以工作在炎热的马来西亚。

设备的体积和重量是决定设备安装环境的重要因素。

体积的描述采用"高(mm)×宽(mm)×深(mm)"的模式。如某厂家的某型号宏基站的体积为"1500 mm×600 mm×600 mm"，某型号微基站的体积为"600 mm×300 mm×300 mm"，某型号 RRU 的体积为"480 mm×340 mm×135 mm"。现在基站的体积越做越小，也常用"L"这个单位。如某厂家皮站（Pico RRU）体积做到了 1.2 L，符合基站小型化的趋势。在室分系统设计的过程中，确定信源的安装空间一定要注意设备的体积。

宏基站的重量一般要看什么样的站型配置，比如说满配置时某宏站可达 200 kg，而空机柜只有 120 kg；微基站的重量范围为 30~90 kg；RRU 的重量一般要小于 30 kg。有的小的皮站（Pico RRU）重量只有 1.2 kg。信源的重量是选择安装条件时必须考虑的，宏基站由于较重，必须在具备相应承重条件的机房落地安装，而微基站或 RRU 一般可以挂墙安装。

站点安装后无法开通的两个主要原因是供电问题和传输问题。

供电要求是安装基站必须考虑的，要考虑信源是只支持"-48 V"直流供电，还是可以支持"AC 220 V"的市电供电。另外，基站耗电是电信运营商能耗的重要方面，关系到节能减排的环保目标。在选择信源时，一定要注意选择功率放大器效率高、能耗较少的基站。

一般的基站都只支持光传输或电传输（E1），在一些室内场景中，面临的传输问题一般是传输不到位、传输故障、传输带宽不足（尤其是话务热点区域）等问题。在设计室分站点时，要先确定传输是否到位，是否正常，是否足够。

2.3　一个扬声器——直放站

在旅游景点经常看到导游拿着扬声器给游客介绍景点。扬声器的作用就是把导游的声音传到更远的距离或者更大的范围，但不增加或减少说话的内容，也不能代替导游的作用（见图 2-4）。

图 2-4　直放站的作用如同扩音器

基站和直放站的关系就好比电视台和微波站的关系，如图 2-5 所示。电视台提供电视节目（类似基站提供容量），微波站负责中继传送。微波站只是把广播电视信号传到更远的地方去（覆盖范围），并不能增加电视节目（容量）。

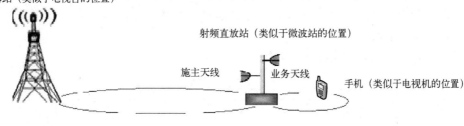

图 2-5　直放站和施主基站的关系

2.3.1　直放站的本质

直放站的本质体现在"放"字上，和其他"放"字辈的射频器件（如塔放、功放、低噪放、干放）一样，其是一种射频信号功率增强设备，简单来说，就是无线信号放大设备。

直放站区别于其他"放"的特性在于它是一种无线信号发射中转设备，也可以称之为中继器，其功能非常类似于广播电视系统中的微波站（作为中继站，可以把电视信号传到比较偏远的地方）。

综上所述，直放站有两个特性："信号放大"和"信号中转"。其实，若没有"信号放大"的功能，就没有"信号中转"的作用，其本质是"信号放大"。

直放站的工作原理用三个词概括就是"接收""放大"和"发射"。

在下行链路中，直放站从基站的覆盖区域中拾取（接收）信号，将经过带通滤波（过滤带外的噪声）后的信号放大，然后把信号发射到补盲目标区域的手机，从而实现信号从基站到手机传送。

在上行链接中，直放站接收其目标覆盖区域内的手机信号，经过滤波放大，然后把信号发射到基站，从而实现手机到基站的信号传递。

从上面的描述中可以看出，直放站的核心组成部分是接收单元、滤波器、放大器、发射单元，如图 2-6 所示。

图 2-6　直放站核心组成部分

直放站在工作过程中，一方面要从基站覆盖区域接收信号，另一方面又要给基站发射信号。也就是说，在基站覆盖区域内，直放站既要接收，又要发射，这个功能由直放站的施主天线完成；在直放站自己的覆盖区域内，既要接收手机的信号，又要给手机发射信号，这个功能由直放站的业务天线完成。直放站的施主天线和业务天线既是接收单元，又是发射单元。

直放站在工作时，既存在从手机到基站的上行信号，又存在从基站到手机的下行信号，上下行的处理功能在一个物理实体中，就需要双工合路器，以便把天线接收下来的信号和天线要发射出去的信号分开或者合起来（从天线向直放站的方向看，上下行信号是分开处理的；从直放站向天线方向看，上下行信号是要合起来的，天线处又要接收又要发送）。

　　直放站接收到的无线信号，一般来说，信号强度比较小，无法直接进行滤波（滤波器觉得信号太小），也不能直接进行放大（引入的噪声相对信号来说会被放得过大），在滤波放大之前必须引入低噪放这个器件。低噪放是噪声系数很小的放大器，作用是放大有用信号，尽可能地抑制噪声。

　　综上所述，直放站的实际组成如图 2-7 所示。

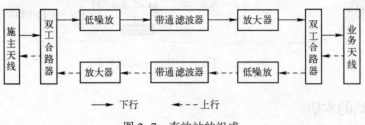

图 2-7　直放站的组成

2.3.2　直放站的类型

　　上面描述的直放站是典型的射频直放站。定义直放站是"射频"（Radio）的，是从施主基站和直放站传送信号的方式来说的。射频传输方式就是无线传输方式。有"无线"，就有"有线"。"有线"传输方式就是基站和直放站之间通过光纤来传送信号，这就是光纤直放站，如图 2-8 所示。光纤直放站由两部分组成，和基站相连的是光纤直放站的近端，下行方向完成从射频电信号到射频光信号的转换，上行方向完成射频光信号到射频电信号的转变；光纤直放站的远端通过光纤和近端相连，下行方向完成射频光信号到射频电信号的转换，上行方向完成从射频电信号到射频光信号的转换；业务天线完成手机无线信号的接收和基站传来的无线信号的发射。

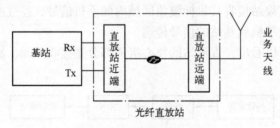

图 2-8　光纤直放站示意图

　　一个事物会有很多属性，看待一个事物可以从很多维度出发。现实生活中很多人认识事物存在分歧，主要原因就是看待问题的角度不同。

　　认识直放站也一样，除了按传输方式来给直放站分类之外，还可以从带宽范围的角度、无线制式的角度、安装场所的角度出发认识直放站。

　　从带宽范围来分，直放站有宽带直放站和窄带（选频）直放站。宽带直放站对整个频段内的信号都进行放大，很容易给其他小区带来干扰；而窄带直放站引入系统的干扰比宽带直放站少，能够提高无线信号的传送质量。但由于同时支持的频点有限，施主小区的频点更改后，直放站的频点也必须调整，使用非常不方便。

　　从信号处理的方式来分，直放站可以分为模拟直放站和数字直放站；从无线制式的角度来分，直放站可以分为 GSM 直放站、CDMA 直放站、WCDMA 直放站、TD-SCDMA 直放站等，在 LTE 时代，直放站的使用越来越多地会被小型 RRU 取代，在 5G 时代，Smell Cell 的使用将彻底把直放站挤出历史舞台；从安装场所的角度来分，直放站可以分为室外型直放站和室内型直放站。

2.3.3　射频直放站和光纤直放站

射频直放站和光纤直放站最显著的不同之处是传输方式的差别，射频直放站通过无线的方式传播，不需要传输资源；光纤直放站通过光纤和施主基站联系，需要光纤资源。

如果把射频直放站的施主天线和业务天线面对面放置，会有什么问题？施主天线接收到的无线信号经过直放站，从业务天线发射出去，又被施主天线接收，经过不断的信号环回，形成对有用信号的干扰，这叫作直放站的自激。这种现象就像开多方会议电话，大家都没有把传声器静音，大家说的话经过电话会议系统传到各地，然后声音又经过传声器返回电话会议系统，回音不断放大，形成噪声，干扰正常开会。

由于自激现象的存在，在施工安装时，射频直放站的施主天线和业务天线需要满足空间隔离度要求，即方向上尽量背对背，千万不要面对面，哪怕照一小面都不行；光纤直放站不存在施主天线，也不会有自激现象，所以不存在隔离度要求。

由于射频直放站的施主天线和业务天线有隔离度要求，为避免自激，需要采用定向天线；光纤直放站无隔离度要求，除使用定向天线外，还可以使用全向天线。

光纤直放站的光纤中传送的是射频信号，额外增加了两次模拟的光电/电光转换，给系统带来新增的噪声，对无线信号质量有一定的影响。射频直放站不存在光电/电光的转换，没有由于电光相互转换而引起的噪声。

射频直放站采用无线的传输方式，施工方便、成本低、进度快，但传送距离有限；光纤直放站采用光纤作为传输介质，传输损耗小、传送距离远，但成本较高、施工较为复杂、工期略长。

射频直放站主要应用于楼宇阴影区、地下封闭区、地铁或道路狭长地带的无线覆盖；光纤直放站应用于光纤资源充足，布线方便的室内场景、边远农村或山区。

射频直放站和光纤直放站的对比分析见表 2-5。

表 2-5　射频直放站和光纤直放站的对比分析

	射频直放站	光纤直放站
传输方式	无线	光纤
自激现象	有	无
隔离度要求	有	无
天线要求	定向	定向、全向
光电转换	无	存在两次
施工	方便	略复杂
成本	较低	略高
应用场景	楼宇阴影区、地下封闭区、地铁或道路狭长地带	光纤资源充足，布线方便的室内场景、边远农村或山区

2.3.4 直放站和 RRU

厂家直销产品的方式是用户直接从厂家购买产品，没有中间环节，避免了中间环节的引入对交易的影响，但是由于厂家的销售力量有限，产品的市场覆盖范围不会很大。为了增加市场覆盖范围，有两个手段：建立更多的直销机构，直销机构还属于厂家的一部分（相当于 RRU 射频拉远，RRU 本身是基站的一部分）；另外寻找中间商代理，中间商不属于厂家的内部机构（直放站不是基站的一部分，它只是基站的代理者），相当于在用户和厂家之间存在一个第三者，在一定的市场范围内，要想完成交易，必须通过这个第三者，虽然产品的市场覆盖范围增加了，但也引入了市场的干扰环节（引入噪声，系统底噪抬升）。

直放站不属于基站的一部分，它是基站功能的代理，但没有取得全权代理资格，只代理了"覆盖"，没有代理"容量"。也就是说，直放站完成"信号放大"和"信号中继"的作用，延伸了基站的覆盖范围，却不能为施主基站缓解"容量需求"的压力，甚至由于引入了额外的噪声，降低了施主基站的容量。

RRU（射频拉远单元）则是基站的一部分，和基带处理单元一起完成基站的全部能力。RRU 也可以从宏基站进行射频拉远，来延伸基站的覆盖范围，但不能算是基站的"代理"，而是基站在某地区的"直销机构"。RRU，本身进行射频信号的处理，除了无线信号的接收和发射（这一点直放站也具备），它还要完成"模–数（A–D）""数–模（D–A）"转换、"数字上/下变频"、"调制/解调"等射频处理功能，如图 2-9 所示。也就是说，RRU 为系统提供新的"容量"能力。

滤波
放大
射频接收发送

滤波	数–模、模–数转换
放大	数字上/下变频
射频接收发送	调制/解调

直放站主要功能　　　　　　RRU主要功能模块

图 2-9　直放站和 RRU 的主要功能模块对比

总结一下，直放站和 RRU 在覆盖特性上相似，其覆盖范围受限于输出功率的大小。但从容量特性上比较，二者却截然不同：直放站不提供容量；而 RRU 是基站的有机组成部分，能够为系统提供容量。

从设备安装特性上说，RRU 与光纤直放站比较类似，都使用光纤将设备拉远，也就是说，能够安装光纤直放站的地方，RRU 肯定能够安装。但二者光纤中传送的信号并不相同，如图 2-10 所示。RRU 是数字信号的射频处理节点，光纤中传送的是数字中频信号，其标准接口为 Ir 接口和 CPRI（Common Public Radio Interface，通用公共无线接口）；而光纤直放站和施主基站之间的光纤传送的是射频信号。

由于 RRU 和 BBU 之间传送的是数字中频信号，对系统来讲，没有增加额外的噪声；直放站是对模拟射频信号的再处理，光纤直放站还进行了光/电或电/光的两次转换，都引入了额外的噪声，从而增加了系统的底噪。

从可维护性和可监控性的角度来讲，RRU 是基站的一部分，可以和基站一起监控、维护；而直放站的可维护性和可监控性比 RRU 差很多，一旦直放站出现问题，不易被发现，

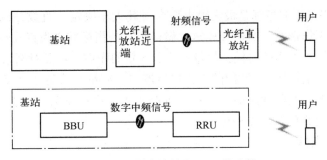

图 2-10　光纤直放站和 RRU 的比较

且难以定位问题。

　　从对网络性能的影响来讲，直放站的引入增加了覆盖范围，提高了网络的覆盖概率。但由于抬升了系统的底噪，降低了系统的接收灵敏度，从而增加了手机的发射功率，导致手机耗电增加；增加了系统干扰，导致接入失败增加，掉话率增加，网络的整体性能会有影响。RRU 的引入不但增加了覆盖范围，而且还增加了网络容量，但不会引入新的噪声，对网络性能没有影响。

　　但从成本上讲，直放站还是有很大的优势，尤其是射频直放站，成本比 RRU 少了很多。成本优势是直放站在市场上生存下去的唯一法宝。

　　直放站和 RRU 的对比分析见表 2-6。

表 2-6　直放站和 RRU 的对比分析

	直 放 站	RRU
和基站关系	不属于基站	是基站的射频部分
主要功能	射频接收、发送、滤波、放大	射频接收、发送、滤波、放大；数-模、模-数转换；数字上下变频；调制、解调
覆盖特性	延伸覆盖	延伸覆盖
容量特性	不增加系统容量	增加系统容量
安装特性	射频直放站无需光纤资源	和光纤直放站类似
光纤内的信号	射频信号	数字中频信号
噪声引入	引入新的噪声	不引入噪声
可监控性、可维护性	较差	和基站一起监控、维护
对网络性能的影响	有一定影响	无
成本	较低	较高

2.3.5　直放站的常用指标

　　一个人的工作水平有两个境界：一是达到了"做得到"的境界；二是达到了"做得好"的境界。衡量"做得到"的方法要看他的核心工作是否会做，衡量"做得好"的方法就需要看工作的质量和效果了。

　　直放站的核心工作是放大无线信号，实现无线信号的中继转发。衡量直放站是否能够

"做得到"自己核心工作的指标是最大输出功率（其大小决定了直放站的覆盖范围）、额定增益、工作频段和工作带宽。衡量直放站"做得到"的指标称之为直放站工作指标。

直放站在完成核心工作的时候，尽量不要引入新的噪声，不要对网络性能造成影响，这就要求直放站的核心工作要"做得好"，完成得漂亮。衡量直放站是否能优质地完成工作的指标有杂散辐射水平、互调抑制能力、带外抑制水平、噪声系数等指标。衡量直放站"做得好"的指标称之为直放站性能指标。

1. 直放站工作指标

（1）最大输出功率

最大输出功率是决定直放站覆盖特性的最重要的指标，即直放站线性范围的最大工作点所对应的输出功率。

直放站最核心的组成部分是功率放大器。功率放大器最重要的使用特性是必须在线性范围内工作，超过了线性范围，将逐渐进入饱和区，这样，功率放大器的输出不再能够线性地反映输入的变化，存在一定的信号失真。

直放站工作的线性范围如何找到？一般是远离饱和区的一个范围。准确地定义这个范围需要了解两个概念：1 dB 压缩点和功率回退。

随着输入信号功率的增加，输出信号功率也线性增加；当输入信号增加到一定程度的时候，直放站离开线性范围，输出信号功率增长的幅度比如果仍按线性的规律增长要小一些，则其逐渐进入了直放站的饱和区。

当输出信号功率增长的幅度比如果仍按线性的规律增长的幅度小 1 dB 时，直放站正式进入饱和区。这一点叫作 1 dB 压缩点。1 dB 压缩点可以看作是线性范围和饱和区的临界点。

但是直放站最好别工作在这个临界点上，因为输入信号的一点风吹草动，输出信号就进入饱和区，导致信号失真。最好的方法是远离这个临界点，称之为功率回退。

直放站最大输出功率可以定义为直放站 1 dB 压缩点功率回退 6~11 dB 的点。举例来说，室外宽带直放站最大输出功率一般为 33 dBm（2 W）；当 GSM 制式的室外选频直放站有 2 个选频信道时，每载波的输出功率一般为 30~33 dBm（1~2 W），有 4 个选频信道，每载波的输出功率会降低 3 dB；LTE 制式的直放站，最大输出功率一般为 20 dBm。室内宽带直放站最大输出功率一般不大于 17 dBm（50 mW）（我国无线电管理委员会和信息产业部的室内电磁环境健康标准）。

（2）额定增益

额定增益是指直放站工作在线性范围内，最大输出电平对最大输入电平的放大程度。

假设直放站的额定增益为 G（dB），直放站的输入功率为 P_{in}（dBm），输出功率为 P_{out}（dBm），则有

$$G = P_{out} - P_{in} \tag{2-1}$$

额定增益达到最大值时的直放站输出，称为满增益输出。

直放站额定增益分上行增益和下行增益，两个增益可以分开调节，但一定要保证上、下行无线链路的平衡。

额定增益不能太低，也不能太高。太低了，输出功率无法满足覆盖要求；太高了，会产生过多的噪声，影响施主基站的覆盖质量。

一般来说，GSM 室外射频直放站的额定增益为 80~95 dB；室内射频直放站的额定增益

一般比室外射频直放站设置得低一些，为 50~70 dB。GSM 室外光纤直放站传输损耗较小，容易得到较高的输出功率，额定增益可以比室外射频直放站设置得低一些，设为 45~65 dB 便可。LTE 单频直放站的额定增益可设为 40~80 dB。

（3）工作频段

工作频段是指直放站发挥信号放大和信号中继作用的频率范围。直放站无失真地放大转发这个频率范围内的信号，对这个频率范围外的信号进行过滤或抑制。直放站的工作频段也分上下行。如某移动 GSM 直放站的上行工作频段为 890~909 MHz，下行工作频段为 935~954 MHz。某移动室内 LTE 直放站的工作频段为 2320~2370 MHz。

（4）工作带宽

直放站在实际工作中，并不是在整个频段内都保持一样的增益，而是在和无线信号带宽相匹配的频率范围内保证一定的增益。一般对无线信号的中心频点处增益最大，越远离无线信号的中心频点的两侧，增益越低，在无线信号的带宽之外，增益应该迅速降低，从而保证无线信号被放大，而信号带宽范围外的干扰被有效抑制。

准确地定义一下，直放站的工作带宽（Band Width，BW）是增益比中心频率的峰值下降 3 dB 时所对应的频率范围。中心频率可在工作频段内变动，但工作带宽不能超出工作频段的范围。有些直放站中心频率和工作带宽可以根据需要在工作频段内变动。

宽频直放站的工作带宽一般为 2~20 MHz，LTE 直放站要求的工作带宽为 20 MHz，而 GSM 选频直放站的工作带宽（即 GSM 载波信号的带宽）只有 200 kHz。

2. 直放站性能指标

（1）杂散辐射水平

直放站在工作过程中，由于系统的非线性，产生了影响系统工作的电磁辐射，一般都是工作带宽范围外的电磁谐波分量。希望这样的杂散辐射越小越好。举例来说，根据相关标准，某款 LTE 直放站，在距离中心频率 9~150 kHz 时，带外杂散辐射水平每 1 kHz 要小于 −36 dBm；在距离中心频率 150 kHz~30 MHz 时，带外杂散辐射水平每 10 kHz 要小于−36 dBm；在距离中心频率 30 MHz~1 GHz 时，带外杂散辐射水平每 100 kHz 要小于−36 dBm；在距离中心频率 1~12.75 GHz 时，带外杂散辐射水平每 1 MHz 要小于要小于−30 dBm。

（2）互调抑制比

互调抑制比是载波信号的功率与系统产生的互调干扰信号的功率电平之比，是衡量直放站抑制互调干扰能力的指标。

两个或多个频率的无线信号，由于直放站的非线性，相互调制可以产生互调干扰（Inter Modulation），一般来说，互调产物主要是三阶互调产物（IM3）。

假若载波信号功率为 P_0（dBm），三阶互调产物的功率为 IM_3（dBm），互调抑制比为 *IMD*（Inter Modulation Distortion）（dBc），如图 2-11 所示，则有

$$IMD = P_0 - IM_3 \qquad (2-2)$$

根据相关要求，当额定增益调到最大时，GSM900 MHz 的直放站，带内 IMD 大于 70 dBc；GSM1800 MHz 的直放站，带内 IMD 要大于 50 dBc；LTE 直放站，带内 IMD 也应大于 50 dBc。

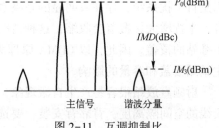

图 2-11　互调抑制比

（3）带外抑制度

带外抑制度是直放站对工作带宽外无线信号的抑制程度。如图 2-12 所示，中心频率为 f_0，此处对应的直放站增益为 G；中心频率两侧直放站增益下降 3 dB 的频率范围（下限为 f_1，上限为 f_2）就是工作带宽 BW；直放站在工作带宽外某处（$f_1-\Delta f$，$f1+\Delta f$）的增益为 G'。那么，带外抑制度 $=G-G'$。

举例来说，LTE 直放站的增益 $G=65$ dB，假设 $\Delta f=5$ MHz，根据相关直放站的规范要求，在带外 5 MHz 处的抑制度应大于 60 dB，也就是说，在 $f_1-\Delta f$ 和 $f_2+\Delta f$ 处的增益 $G' \leqslant G-60$ dB $=5$ dB。

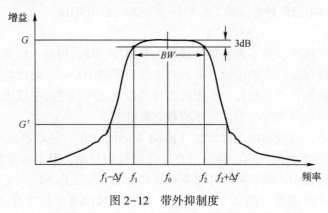

图 2-12　带外抑制度

（4）噪声系数（Noise Factor，NF）

NF 是衡量无线信号通过直放站后信噪比变差程度的指标。无线信号通过直放站后，直放站本身产生的噪声会使原无线信号的信噪比变差。

直放站输入端的信噪比 $(S/N)_i$ 与输出端信噪比 $(S/N)_o$ 的比值，就是噪声系数。用 dB 表示的 NF 为

$$NF = 10\lg \frac{(S/N)_i}{(S/N)_o} \tag{2-3}$$

在理想情况下，噪声系数 NF（dB）为 0 dB。现实情况是任何直放站都会产生噪声，所以 NF（dB）一般大于 0 dB。根据直放站的相关规范，LTE 直放站的噪声系数一般为 7 dB。

2.3.6　直放站的使用要点

直放站的主要作用是延伸覆盖，但并不增加容量。因此，在容量受限的场景应该慎用直放站。

LTE 制式不是自干扰系统，不存在呼吸效应，而以 CDMA 原理为基础的无线制式一般都是自干扰系统，存在着明显的呼吸效应；引入直放站，必然会引入噪声，导致系统底噪抬升，干扰增大，覆盖会收缩，这种情况下，准确地说，直放站没有延伸覆盖，而是转移了施主基站的覆盖。因此，以 CDMA 原理为基础的无线制式在选用直放站时，应该评估好对施主基站覆盖和容量的影响。

射频直放站很容易产生自激现象，导致网络性能下降。安装时尽量保证施主天线和业务天线的空间隔离度，背靠背安装；要选择前后比大的施主天线和业务天线，避免信号通过天线后瓣泄漏形成环路、产生自激。

在公路和铁路等线性覆盖场景，经常会用到直放站的级联。但直放站的级联级数不宜过大，过大会导致信号时延增大，引入过多系统噪声，对系统的整体性能有很大的影响。一般情况下，直放站级联不要超过 3 级。

在选用直放站时，一定注意工作指标要优于实际要求，尽可能选择性能较好、成本较低的直放站，以免对系统性能造成过坏的影响。

2.4　无辐之毂——AP

在办公场所，只有一个网线出口，却有四五个工作人员准备上网，怎么办？有经验的同志很快想到，使用 Hub（网络集线器）作为中心节点，通过网线连接各位工作人员的电脑（见图 2-13），组成一个有线局域网（Local Area Network，LAN），如图 2-14a 所示。局域网中心节点的设备称之为集线器，美国人很形象地称它为 Hub（原意是轮的中心——毂），那么网线就类似于车轮的辐条了。

图 2-13　有线办公环境和无线办公环境

但是由网线连接电脑和集线器（Hub）使用起来不太方便，需要足够多的网线，而且会使办公区域显得比较凌乱。人们自然会想到，要是不需要网线就能完成局域网的组建就好了。这种无线局域网（Wireless LAN，WLAN）的想法比较大胆，类似一个车轮不需要"辐"，只要"毂"就可以了。这种无线 Hub，我称之为"无辐之毂"，如图 2-14b 所示。

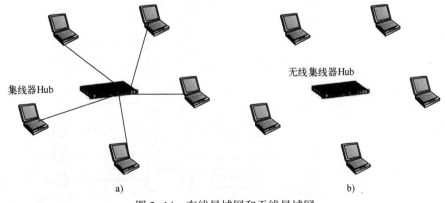

集线器Hub

无线集线器Hub

a)　　　　　　　　　　　　　　b)

图 2-14　有线局域网和无线局域网

802.11 是 IEEE 制定的一个无线局域网标准，允许终端上网设备通过无线的方式接入网络，被广泛应用于校园、办公场所等场景。802.11 不是一个单独的标准，而是一系列标准，这个标准的家族用 802.11x 来表示。其中"x"代表 802.11 的不同版本，如目前常用的版本 IEEE 802.11g 是 2003 年制定的，工作频率为 2.4 GHz，最高速率为 54 Mbit/s 的 WLAN 标准。

2.4.1 AP 的用途及种类

AP（Access Point）相当于一个有线网和无线网的连接桥梁，可以有三个方面的作用（不是每个 AP 都同时有这样的作用，要看产品型号）："接入""中继""桥接"。所以 AP 在组网中可以承担"接入点（在室分系统中 AP 扮演的是 WLAN 信源的角色）""中继器"和"桥接器"的角色。

AP 可以作为网络的无线接入点。通过无线的方式，无线网卡和 AP 建立数据连接，既可以分享有线网络的信息资源，又可以克服有线布设的繁琐，节约网络末端的施工费用、降低施工复杂度。

在作为接入点时，就像有线网络的 Hub 一般，AP 可以快速且轻易地与宽带数据网络相连，如图 2-15 所示。有线宽带网络（如光纤、LAN 等）到户后，布放一个室内型 AP，在计算机中安装一块无线网卡，就可以使用宽带网络了。

如果在室内分布系统中使用，AP 可以作为信源（WLAN 信号的接入点），如图 2-16 所示，可以利用已有的支持 WLAN 频段的室分系统或者新建 WLAN 自己的室分系统。根据 AP 输出功率的大小，一个 AP 可以带的室内天线数目是不同的，具体计算在后面室分系统设计中会介绍。

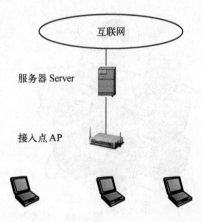

图 2-15 作为接入点的 AP

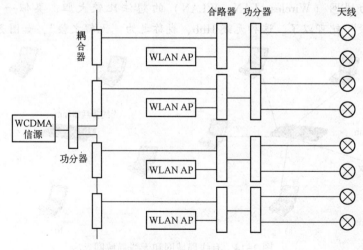

图 2-16 作为 WLAN 信源的 AP

AP 的"中继"功能类似于"直放站"的中继功能，如图 2-17 所示。如果进行 WLAN 通信的终端离网络过远，可以在中间放置 AP，把无线信号放大一次，使得终端接收到更强的无线信号。

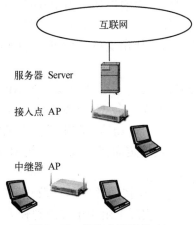

图 2-17 作为中继器的 AP

"桥接"就是连接两个网络接入点，实现两个或多个局域网的数据传输。例如，把两个有线 LAN 连接起来，可以选择 AP 来桥接，如图 2-18 所示。两个桥接器之间通过无线的方式互联。

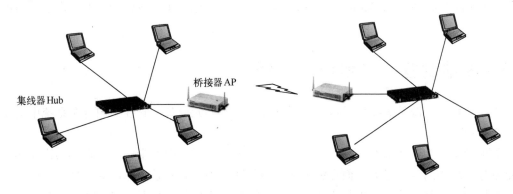

图 2-18 作为桥接器的 AP

AP 的种类有很多，有室外型的，室内型的；有 IT 级（互联网级）的，也有 CT 级（电信级）的。

特别要指出的是，AP 还有"胖""瘦"之分。这里的"胖""瘦"并不是仅从体型上说的，更多的是从 AP 所包含的功能上来说的。所谓"胖" AP，它把"资源管理""移动性管理""加密""认证""802.11 协议支持""天线收发"等功能集于一身；而"瘦" AP 仅实现了其中靠近"空中接口"的功能："802.11 协议支持""天线收发"以及其他功能则大多数交给上级领导 AC（Access Controller，无线控制器）来完成。

2.4.2 AP 的室分信源特性

室内型 AP 可分为室内分布型 AP 和室内放装型 AP。不管是何种类型的 AP，在使用时，都需要考虑 AP 的覆盖特性、容量特性和配套特性。

作为室内分布系统信源的 AP，都是"电信级"设备。室内分布型 AP 的覆盖特性主要是指发射功率的大小。不同的发射功率决定了所支持的分布系统的天线数目。

一般的室内放装型 AP，常见的最大输出功率为 100 mW（20 dBm）。考虑室内无线传播环境的复杂性及 WLAN 使用的是高频段（2400 MHz），无线传播损耗较大，AP 在室内的覆盖半径一般为 30~100 m。当然，通过使用支持"中继"功能的 AP，可以增加 WLAN 的覆盖面积。

经验表明，在一般的开放办公环境，一层楼布放一个 AP 就可以了；而对于学校宿舍、酒店房间等，穿墙损耗较大，一般考虑一个 AP 覆盖 5~6 个房间为宜。

室外型一般应用于校园、步行街、广场等空旷地带。常见的室外型 AP 最大输出功率为 500 mW（27 dBm）。如使用较高增益的定向型天线，一个 AP 的覆盖半径可达 200~400 m，大概的覆盖面积为 3 万 m^2。

AP 的容量特性主要是指一个 AP 支持的并发用户数。虽然理论上可以支持较多的用户数（如每个 AP 支持 64 个用户），但实际上由于干扰问题较大，数据业务速率难以保证，不可能同时接入这么多用户。在一般的办公环境下，可以按照一个 AP 支持 20 个用户数来计算。

从配套特性来说，一般都要求 AP 体积小、重量轻、安装方便。AP 支持的常见供电方式有直流 5 V/12 V/48 V 等，还有的 AP 支持市电（民用 220 V 交流电）。目前大多数室内放置型 AP 支持 PoE 供电（Power over Ethernet，五类网线供电），这也是目前最方便的供电方式。

2.5　因地制宜——信源的选择

无线系统的信源是无线信号接收、处理和发送的网元设备，它在室内分布系统中的位置如图 2-19 所示。

如果说整个无线通信网络是一个大帝国，室内分布系统则是帝国中非常小的诸侯国。信源是室分系统中的龙头老大，而在整个无线通信网络中，它只是接入网的一个末端而已。

根据 3GPP 无线网络基站设备分类标准和信源设备的命名原则，LTE 室内分布系统信源主要包括宏基站（Macro Site）、微基站（Micro Site）、射频拉远单元（RRU）、皮基站（Pico RRU）、飞基站（Femto Site）和直放站等多种。根据支持的制式不同，信源也可以分为 GSM 信源、PHS 信源、CDMA 信源、WCDMA 信源、TD-SCDMA 信源、LTE 信源、5G 信源等。

随着室内高速下载业务的需求越来越多，WLAN（Wireless Local Area Networks，无线局域网）受到越来越多运营商青睐，室内分布系统的信源又有了 AP（Access Point，无线接入点）。

在进行室分系统设计时，最需要考虑的是信源属性

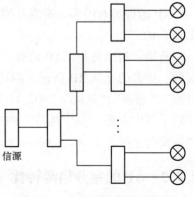

图 2-19　室分系统的信源位置

的覆盖特性、容量特性及配套特性。

覆盖特性一般是指输出的发射功率是多少（要注意区别机顶口总功率、机顶口单载波功率、机顶口 RS 信道功率），无线信号的频率是多少，能够覆盖的范围有多大。

容量特性一般是指能够支持多少载波，能够支持多少小区，能够支撑多大的话务量，同时能接入多少用户，如何扩容。

配套特性是指供电要求、传输要求（传输带宽需求）、安装条件（机房条件、体积、重量）等等。

在设计室内分布系统时，如何选择信源呢？

答案是四个字："因地制宜"（太正确了，放之四海皆准，以至于用处不大，或者叫只有理念上的意义）。

"因地制宜"的大原则落在室分系统信源选择的工作上，就是"因楼制宜"。

室分系统的信源选择要根据目标楼宇的覆盖面积、容量需求及安装条件，选择性价比适合的信源，见表 2-7，尽量达到较低成本、较高的覆盖水准。

表 2-7　LTE 信源的选择方法

信源选择	英文名	单载波发射功率（20 MHz 带宽）	覆盖能力	容量需求	安装条件	场景举例
宏蜂窝	Macro Site	>10 W	覆盖区域大，200 m 以上	话务量高	具备机房条件	高档写字楼、大型商场、星级酒店、奥运体育场馆等重要建筑物
微蜂窝	Micro Site	500 mW~10 W	覆盖面积适中，50~200 m	中等话务量	有一定的安装空间，机房条件较差	中高层写字楼，酒店等中型建筑物
射频拉远 RRU	RRU	500 mW~10 W	覆盖面积适中，50~200 m	话务量中等或较高	安装灵活，无机房条件	写字楼、商场、酒店等重要建筑物或建筑群
皮基站	Pico RRU	100~500 mW	覆盖面积略小，20~50 m	话务量中等	安装灵活，无机房条件	写字楼、商场、酒店等重要建筑物或建筑群
飞基站	Femto Site	<100 mW	覆盖面积小，10~20 m	话务量小	安装灵活，无机房条件	居民区、酒店、办公写字楼
WLAN AP	WLAN AP	100~500 mW	覆盖面积适中，20~200 m	高速数据业务场景	安装较为灵活，无机房条件	高校、大型场馆、星级酒店等重要场景
直放站	Repe ater	100 mW~2 W	覆盖区域分散、空间封闭或空旷区域，20~200 m	话务量较小	安装较为灵活、无机房条件	电梯、地下室、公路、农村

2.6　书本派送过程——信号传送器件

某学校开学，初一年级有 12 个班（计算上对应室分系统的 12 个层楼），每个班有 40 个学生（计算上对应每层楼 40 个天线）。现在有个任务，要把 480 本（计算上对应总功率是 480 mW）语文书（代表一种制式的无线信号，如 GSM）分发到每个学生手中，人手 1 本（1 mW，0 dBm）。你用手推车把这 480 本语文书装好，准备派送到每个班级，突然教材科有个人说："你的车还有空间，你把数学书（另外一种制式的无线信号，如 LTE）也领走吧！"

这样数学书和语文书合在一起被小推车拉走（合路器把两路信号合在一起传送），那就需要注意一个问题，两种书的外形和大小必须有差别，否则容易混淆、拿错（要注意端口隔离度）。这样你把车沿着校园小路（传输线路、馈线、干线）推到第一个班级，这个班级的学习委员（耦合器）领走了40本语文书和40本数学书（分走了一小部分信号）；到了第二个班级，这个班级的学习委员又领走了40本语文书和40本数学书（又分走了一小部分信号）；以此类推。等到第十二个班领完书后（信号很微弱了），突然通知你还有6个特招班，也得发书。还好早已有人开车送来（增加了干放，是有源的），把需要的书放在你的手推车上（干放增加了信号强度），你再一次按每个班级依次发完。

每个班级的学习委员领到书后（信号支路），为了快速把书发到每个人手中，他（功分器）把书分为两份，每份各20本语文书和20本数学书，由两个人分别发到每个人手中。

书本派送的过程中，主要解决的问题是如何把书本均匀地分发到每一个人手中（无线信号均匀地分配到各个天线口）。当然还涉及其他的问题：两种书放在一起派送的问题（多制式合路问题），把一部分书分发出去的问题（信号功率耦合问题），把书一分为二分发出去的问题（信号功分的问题），还有书不够分发继续补充的问题（信号干线放大的问题）。

无线信号从信源中出来，需要均匀发送到楼宇的各个天线口。总地来说，这是一个信号合路、传送、放大的过程和功率分配的过程。这个过程由室内分布系统中各种信号传送器件完成，包括合路器、功分器、耦合器、电桥、干放、衰减器、馈线、接头/转接头等。下面分别介绍。

2.6.1 合路器

合路器的主要功能是将不同频段的几路信号合在一套室内分布系统中，即一套室内分布系统通过合路器可以为工作在不同频段的几个无线制式服务。例如，在实际工程中，需要把800 MHz 的 CDMA 和 900 MHz 的 GSM 进行合路，或需要把 900 MHz 的 GSM、2000 MHz 的 3G 以及 2600 MHz 的 LTE 进行合路。

使用合路器，既需要将多个无线制式共用同一室内分布系统，从而节约室内物料和施工费用，又需要避免多个系统互相影响，导致网络质量下降。

因此，合路器要完成的工作可以概括为两点：

1）将多个输入端口的无线信号送到同一输出端口。

2）避免各个端口无线信号之间的相互影响。

合路器实际上就是滤波器的有效组合，可以同时为上行、下行两个方向的信号服务，实际上有双工器的作用。如图 2-20 所示，从下行的方向（信号源到天线的方向）看，合路器把各频带的信号在输出端叠加起来（信号合成）；从上行的方向（天线到信号源的方向）看，其把天线接收的上行信号按照不同频段分开（信号分离），分别送往相应制式的信号源。

本质上，合路器要实现不同频段信号的合成与分离，而这种合成与分离不能产生太多的功率损耗，尽量实现信号的无损合成与分离。实现合路与分路无损，必须实现另一支路不会分走本支路的功率，也就是说，另一支路对本支路来说相当于不存在。另一方面，合路器要保证不同频段的信号不要互相影响，这就要求有较高的干扰抑制程度。信号的无损合成或分离及干扰抑制都要求合路器端口的隔离度足够大。

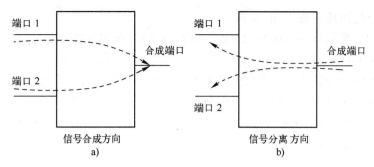

图 2-20　合路器的信号合成与信号分离

a）信号合成方向　b）信号分离方向

在室内分布系统设计时，选择合路器要重点关注它的工作频率范围和工作带宽是否满足要求，插入损耗是否足够小，端口隔离度是否足够大。表 2-8 是一个 GSM、WCDMA 和 FDD LTE 的三频合路器的常用指标，在工程设计时选用合路器一般都要考虑这些指标。

表 2-8　常用三频合路器的参考指标举例

	GSM（端口 1）	WCDMA（端口 2）		FDD LTE（端口 3）	
频率范围	885~954 MHz	1940~1955 MHz	2130~2145 MHz	1920~1935 MHz	2110~2125 MHz
工作宽度	75 MHz	250 MHz			
插入损耗	≤1.5 dB	≤2.2 dB			
端口隔离	≥80 dB	≥45 dB			
驻波比	<1.3				
阻抗	50 Ω				
接口类型	N-Female				
输入端口数	3				
输出端口数	1				
功率容量	≥100 W				
工作温度	-25~65℃				
外形尺寸	154 mm×111 mm×50 mm				
重量	1.0 kg				

2.6.2　功分器

功分器，可以理解为"公分器"，即把输入端口的功率"公平"地分配到各个输出端口的射频器件。

举例来说，一伙强盗分赃，共有黄金 90 两，两个人分，每个人得 45 两；三个人分，每个人得 30 两。每个人得到的黄金数量比总数少了很多，这个少的数量就可以定义为分配损耗。参与分配的人越多，分配损耗就越大。

功分器分配功率也遵循同样的道理。二功分器，每个端口得到 1/2 的功率；三功分器，每个端口得到的是 1/3 的功率；四功分器，每个端口得到的是 1/4 的功率。分配损耗就是每个端口的功率比总输入端口功率减少了多少的一种度量。端口越多，分配损耗越大。

功分器的分配损耗一般用 dB 来表示。

二功分器的分配损耗为 10lg2≈3 dB，三功分器的分配损耗为 10lg3≈4.8 dB，四功分器的分配损耗为 10lg4≈6 dB。

但是，现实的功分器并不是理想的射频器件，并不只存在分配损耗。

正如强盗分赃的例子中，两个人分配 90 两黄金，在分配的过程中，丢失了 10 两，这样每个人到手的黄金不再是 45 两，而是 40 两。这多损失的 5 两是由于分赃平台不理想、不安全造成的，称为介质损耗。

换算成 dB，原来仅有分配损耗 $10\lg\dfrac{90}{45}\approx3$ dB；现在的损耗包括分配损耗和介质损耗，$10\lg\dfrac{90}{40}\approx3.5$ dB，多了 0.5 dB 的介质损耗。

现实的功分器也是不仅存在分配损耗，一般还存在额外的介质损耗，二者合起来称为插入损耗。这个介质损耗的大小和器件的工艺水平、设计水平有很大关系，一般考虑 0.5 dB 就可以了。

于是，二功分器的插入损耗一般小于 3.5 dB；三功分器的插入损耗一般小于 5.3 dB；而四功分器的分配损耗则一般小于 6.5 dB。

举例来说，在输入端口功率是 10 dBm 的情况下，二功分器、三功分器、四功分器的一个输出端口功率分别是多少？计算过程如图 2-21 所示。

10dBm-3.5dB=6.5dBm （这里考虑3.5dB的插入损耗） a)　　10dBm-5.3dB=4.7dBm （这里考虑5.3dB的插入损耗） b)　　10dBm-6.5dB=3.5dBm （这里考虑6.5dB的插入损耗） c)

图 2-21　实际功分器的功率分配计算

a）二功分器　b）三功分器　c）四功分器

在室内分布系统设计时，选择功分器首先要看它的工作频率范围是否满足工作要求，插入损耗是否满足设计要求。表 2-9 是某厂家二功分器、三功分器、四功分器的常用参考指标，在工程设计时，选用功分器一般都要考虑这些指标。

表 2-9　某厂家常用功分器的参考指标

名　称	二功分器	三功分器	四功分器
分配损耗	3 dB	4.8 dB	6 dB
介质损耗	0.5 dB	0.5 dB	0.5 dB
插入损耗	3.5 dB	5.3 dB	6.5 dB
频率范围	800~2500 MHz		
驻波比	<1.25		
接头	N 型母头		
阻抗	50 Ω		
功率容量	200 W		
体积	210 mm×61 mm×25 mm	233 mm×61 mm×25 mm	233 mm×61 mm×43 mm

（续）

名　　称	二功分器	三功分器	四功分器
重量	0.3 kg	0.45 kg	0.50 kg
环境温度	−30~70℃		
端口隔离度	>20 dB		

注：在实际应用中，如果功分器的某一输出端口不接任何室分系统通路，也不能空载，需要安装匹配负载，否则会造成系统驻波比过高的问题。

2.6.3　耦合器

举例来说，强盗头子分了 40 两黄金，但不能独吞，他要给下面跑腿的分一些钱，用来激励下面的人给卖命，但是不会给分很多，只分 4 两。这 4 两相当于从主要利益上"耦合"出来一点小利益，强盗头子把绝大多数（36 两）留给了自己。

对于强盗头子来说，给下面人的钱是一种损耗（对应耦合器的插入损耗），换算成 dB，插入损耗有 $10\lg\dfrac{40}{36}=0.45$ dB；对于下面的人来说，自己得到的利益是从老大利益"耦合"出来的，下面人的利益相对于老大总利益的比例就是耦合的程度，换算成 dB，就是 $10\lg\dfrac{40}{4}=10$ dB。

耦合器就是从主干通道提取出一部分功率的射频器件，一般包括三个端口，主干通道的输入端口、主干通道的输出端口，以及提取部分功率的耦合端口，如图 2-22 所示。

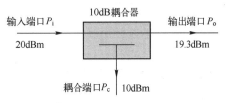

图 2-22　耦合器的功率分配

耦合器输入端口的功率和输出端口的功率之比，换算成 dB，就是插入损耗，即

$$插入损耗(dB)=10\lg\frac{P_i}{P_o}=10\lg\frac{P_i}{1\,mW}-10\lg\frac{P_o}{1\,mW}$$
$$=输入端口功率(dBm)-输出端口功率(dBm) \tag{2-4}$$

式中，P_i 和 P_o 的单位为 mW。

输入端口的功率和耦合端口的功率之比，换算成 dB，就是耦合度，即

$$耦合度(dB)=10\lg\left(\frac{P_i}{P_c}\right)=10\lg\left(\frac{P_i}{1\,mW}\right)-10\lg\left(\frac{P_c}{1\,mW}\right)$$
$$=输入端口功率(dBm)-耦合端口功率(dBm) \tag{2-5}$$

耦合器一般用其耦合度来命名。比如，耦合度是 10 dB 的耦合器，叫作 10 dB 耦合器；耦合度是 15 dB 的耦合器，叫作 15 dB 耦合器。

耦合度（绝对值）越大，耦合出去的功率越少，进而主干通道输出的功率就越大，插入损耗（绝对值）就越小。

下面研究一下插入损耗和耦合度的关系。

理想耦合器输入端口的功率应该是输出端口功率和耦合端口功率之和，即

$$P_i = P_o + P_c \qquad (2\text{-}6)$$

式 (2-6) 经过变换，可得

$$1 = \frac{P_o}{P_i} + \frac{P_c}{P_i} \qquad (2\text{-}7)$$

假若耦合度（绝对值）用 x 表示，插入损耗（绝对值）用 y 表示，单位为 dB，则会有

$$\frac{P_i}{P_c} = 10^{\frac{x}{10}} \qquad (2\text{-}8)$$

$$\frac{P_i}{P_o} = 10^{\frac{y}{10}} \qquad (2\text{-}9)$$

于是，可以得到

$$10^{-\frac{x}{10}} + 10^{-\frac{y}{10}} = 1 \qquad (2\text{-}10)$$

那么，插入损耗和耦合度的关系为

$$y = -10\lg(1 - 10^{-\frac{x}{10}}) \qquad (2\text{-}11)$$

从式 (2-11) 可以得出，理想耦合器插损（插入损耗）和耦合度的对应关系，如表 2-10、图 2-23 所示。这说明主干通道上的功率损耗取决于耦合通道的功率大小，即取决于耦合度。

表 2-10　理想耦合器插损和耦合度的关系

耦合度/dB	5	6	7	10	15	20	30
插损/dB	1.65	1.26	0.97	0.46	0.14	0.04	0.0043

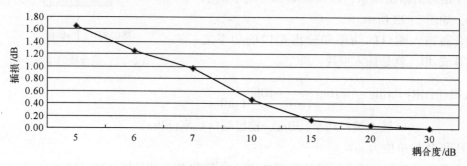

图 2-23　理想耦合器插损和耦合度的关系

现实耦合器的插入损耗不仅仅是耦合端口的功率损失，还有射频器件本身带来的介质损耗。因此，插入损耗会比理想的耦合器大一些，要多考虑 0.1~0.3 dB 的介质损耗（该损耗和射频器件厂家有关）。

当耦合度足够大时，耦合端口耦合出去的功率相比主干通道来说是非常小的，输入输出的功率可以近似认为是相同的。

功分器和耦合器都是功率分配的射频器件。不同的是，功分器是一种功率在端口处平均分配的射频器件，而耦合器则是一种功率不等值分配的射频器件。和功分器的几个输出端口要保证足够大的隔离度一样，耦合器的输出端口和耦合端口也应该保证足够大的隔离度。

在实际应用中，耦合器主要应用在需要信号注入、信号监测、信号取样的场景中。

信号注入是指可以用耦合器从基站的收、发端口分配一定比例的功率，送入室内分布系统中，也可以从室内分布系统的主干通道上分配一部分功率，进入该室分系统的旁支。

信号监测是指利用耦合器耦合出来的一部分信号进行监测，如通过测量入射功率和反射功率，从而测量驻波比等系统指标。

信号取样是指使用耦合器从基站引出下行信号，并将上行信号送入基站，如光纤直放站的近端可以使用耦合器从基站处获取信号。

在室内分布系统设计时，选择耦合器首先要看它的工作频率范围是否满足工作要求，耦合度、插入损耗是否满足设计要求。表 2-11 是某厂家常用耦合器的参考指标，在工程设计时，选用耦合器一般都要考虑这些指标。

表 2-11 某厂家常用耦合器的参考指标

类　型	7 dB	10 dB	15 dB	20 dB	30 dB	50 dB
插入损耗/dB	≤1.4	≤0.9	≤0.5	≤0.4	≤0.3	≤0.3
耦合度/dB	7	10	15	20	30	50
工作频段/MHz	800~2600					
接口阻抗/Ω	50					
驻波比	≤1.5					
功率容量/W	30					
接口形式	N-K					
环境温度/℃	-30~55					
相对湿度	5%~95%					
体积/mm×mm×mm	59×39×21					
重量/kg	0.05					

2.6.4　电桥

你负责把 1000 本数学教科书 a 送给 A、B 两个学校。装好数学书后，接到通知，再顺便把 1000 本数学习题集 b 也送给这两个学校（类似于同频段信号合路）。你给每个学校各派送了 500 本数学教科书和 500 本数学习题集，如图 2-24 所示。

假若定义 1 本书为 0 dBm，那么 1000 本书就是 $10\lg\dfrac{1000}{1}=30$ dBm；500 本书就是 $10\lg\dfrac{500}{1}\approx27$ dBm。

于是上面的派发书的过程可以用图 2-25 表示。

假若 B 学校突然不要这 500 本数学教科书和 500 本数学习题集了，这 500 本书也退不了，只好找个仓库放着（类似于在射频器件的空端口上安装一个负载吸收这个端口的信号）。

电桥，一般用于同频段的信号进行合路，如 CDMA 1X 载波和 CDMA EVDO 载波的合路，或者 LTE 两个载波的合路，所以也叫作同频合路器。

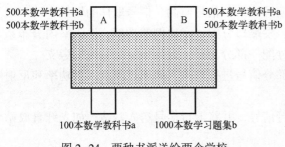

图 2-24 两种书派送给两个学校

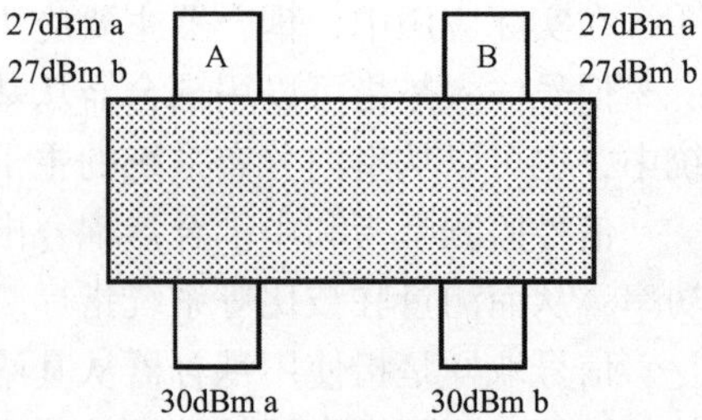

图 2-25 用 dBm 表示派发书的过程

从这一点看，其区别于通常的合路器。通常的合路器是对多个异频段的信号进行合路，如 GSM900 和 LTE 不同频段的两个系统的合路。

之所以有这一点区别，是因为电桥和通常的异频段合路器实现合路的方式不同。

通常的异频段合路器通过带通滤波的方式进行合路，插损最小，合路的信号几乎没有损耗；带外抑制最好，可以实现两路信号高隔离度的合成，不同系统间的干扰小。所以异频段的合路器可以进行两路或者两路以上的不同系统的信号合路。

电桥进行同频段合路时，不可能用带通滤波的方式（因为虽不是一个频点，但两路信号在同一个频段，带通滤波滤不出来），用的是类似耦合器的原理。输入端两路同频段信号的隔离度较低，只能进行最多两路同频段信号的合路，价格比通常的合路器昂贵。

当电桥的两个输入端口分别接两个同频段的载波进行合路时，可以只使用一个输出端口，另外一个输出端口使用匹配负载堵上。在这种情况下，电桥的功能更像一个合路器。但和通常的合路器不同的是，这个输出端口两路信号的功率都会损失 3 dB。从这一点上看，电桥又可以叫作 3 dB 桥合路器，如图 2-26 所示。

只用电桥的一个输入端口，另一个输入端口接上负载，电桥可以把一个输入信号分为两个功率相等、相位差 90° 的输出信号。一个输入、两个输出，从这一点上看，电桥更像一个耦合度为 3 dB、插损也为 3 dB 的耦合器（当然也可当作功分器使用）。所以电桥又被称为 3 dB 桥耦合器，如图 2-27 所示。

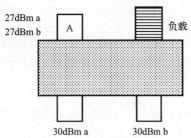

图 2-26 电桥的合路器功能

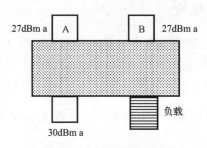

图 2-27 电桥的耦合器功能

电桥作为耦合器来使用的话，从一个输入端口注入信号，它的功率被均分到两个输出端口。在理想情况下，另外一个输入端口应该没有信号输出。也就是说，这两个端口相互隔离，隔离度为无穷大。但实际情况下，会有部分信号泄漏过去，隔离度不会是无穷大。一般要求电桥两个输入端口的隔离度大于 25 dB。

在原有无线系统容量不够，需要考虑增加载波来扩容时，由于载波使用的是同一频段，需要使用电桥把两个载波的信号合路后引入至原有的天馈系统或原有的室分系统中。一般情况下，原来的天馈系统或室分系统都是单主干的结构，所以一般只用电桥的一个输出端口，另一个输出端口只能使用匹配负载堵上。

最近几年设计的室分系统中，在设计阶段就考虑了多载波合路，为了便于设计，提高输出信号的利用率，室分系统出现了双主干的结构（如一个主干去高楼层，另一个主干去低楼层；也可以是一个主干去东楼，另一个主干去西楼），这样电桥的两个输入端口和两个输出端口就都能用上了，如图 2-28 所示。

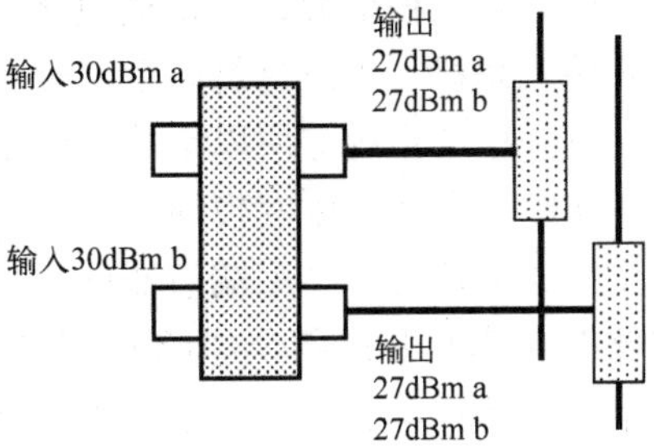

从上面的介绍可知，电桥的使用方法是非常灵活的，可以是两进一出、一进两出、两进两出。

图 2-28 电桥在双主干室分系统中的应用

如果是两进一出或一进两出，多余的一个端口接上一个和端口阻抗相匹配的负载（特征阻抗为 50 Ω）就可以了。如果不用接匹配负载，则说明电桥出厂的时候就考虑了端口空闲时的阻抗匹配问题，和专门接一个负载的效果一样。

当室内分布系统需要多载波满足容量需求时，可以选择电桥进行信号合路。选择电桥时首先要看它的工作频段是否包括系统载波工作的频段，两个输入端口之间隔离度是否满足要求。在计算室分系统的功率分配时，要考虑一定的插入损耗。表 2-12 是某厂家常用电桥的参考指标，在工程设计时，选用电桥一般都要考虑这些指标。

表 2-12 某厂家常用电桥的参考指标

参　　数	指　　标
工作频段/MHz	800~2700
插入损耗/dB	<0.5
隔离度/dB	>25
互调损耗/dBm	−110
回波损耗/dB	20
接口阻抗/Ω	50
驻波比	≤1.3
功率容量/W	100
接口形式	N 型阴头

2.6.5 干放

干放，从名字上看，有两层含义：首先是"放"（放大器）、然后是"干"（干线）。

放大器的共同功能是功率增强、信号放大。从这一点看，干放和其他放大器的功能是一样的。干放是当信号源的输出功率无法满足较远区域的覆盖要求时，对信号功率进行放大，以覆盖更广的区域。作为信源的直放站也是这样的功能。因为干放和直放站的共同组成模块是"放大器"，所以它们都是有源器件。

干放和直放站最大的区别在于在室分系统中的位置不同。直放站是作为信源来使用的，它处在施主基站和室分系统的中间位置，主要是放大基站信号，延伸基站覆盖区域；干放则是干线放大器的简称，它用于室分系统主干线上的信号增强，延伸室分系统本身的覆盖区域。

直放站是一种信源，可以通过无线（施主天线、业务天线）或者光纤（近端、远端）的方式接入系统；干放只是一个室分系统中负责信号传送和信号增强的射频器件，只能通过有线的方式接入系统。所以干放的两个端口直接接上馈线便可接入系统，不存在直放站的无线信号接收和发送的配套模块。

干线放大器是一个二端口器件（一个输入端口、一个输出端口），全双工设计（一个物理实体中支持上下行两个通路）。干放是比直放站更简单的射频信号放大器，除双工合路器、电源、监控等之外，一般主要是上下行低噪放、功率放大器，没有直放站的选频、选带、移频、光模块、业务天线、施主天线等，它的内部结构如图 2-29 所示。

图 2-29　干放的内部结构

从干放的内部结构可以看出，其核心组成是放大器、低噪放、双工合路器（支持上下行合路），非常类似直放站的内部结构（干放一般不进行滤波、选频，无需滤波模块）。放大器的作用是增强信号，弥补馈线损耗，延伸覆盖；低噪放的作用是减少底噪对基站的影响。

干放是一种对上下行信号进行双向放大的射频器件，既然是"放大"设备，输出端功率相对输入端功率来说就有增益。输出功率和输入功率的比值，就是放大器的增益，如图 2-30 所示。

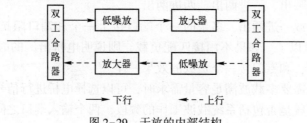

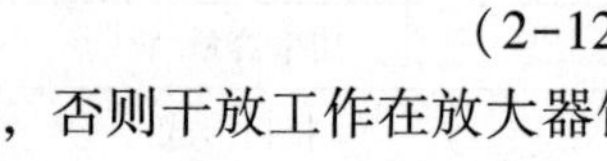

图 2-30　干放的增益

在对数域中计算，假若干放的额定增益为 G(dB)，输入功率为 P_{in}(dBm)，输出功率为 P_{out}(dBm)，则有

$$G = P_{out} - P_{in} \qquad (2-12)$$

既然是放大器，干放也有一个线性范围。输入信号不能过大，否则干放工作在放大器饱和区域，输出信号就不能线性地反映输入信号的变化，引起信号失真。因此，干放一般都有一个可以保证干放正常工作的、允许输入信号大小变化的范围。

当室内分布系统干线上的信号强度不足时（一般为 0 dBm 以下），才考虑使用干放。一般都用耦合度较高（常用 30 dB、35 dB、40 dB）的耦合器在主干上耦合出一个弱信号，然后再接到干放上进行功率放大，如图 2-31 所示。

干放是有源射频器件，在室内分布系统使用时会引入额外噪声，导致系统底噪抬升，在自干扰系统中会导致容量下降。另外，由于是有源射频器件，器件本身会发热，如果散热不及时，器件很容易发生故障。

使用干放虽能给室内分布系统带来延伸覆盖的好处，但也会给系统引入额外干扰，降低系统的可靠性。因此，干放在室分系统设计使用时需要注意以下几点：

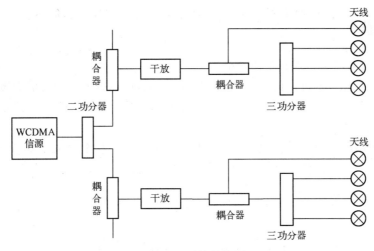

图 2-31 干放的使用

1）一定要慎用干放（尽量使用 RRU 通过光纤拉远的方式进行覆盖，仅在封闭区域时考虑使用干放）。

2）少用干放（通常 1 个 RRU 或直放站带的干放不超过 4 个）。

3）不要串联使用干放。

4）干放尽量考虑是否能在支路使用，避免在主干路使用干放。

5）干放的增益设置必须保证上下行链路平衡。

6）尽量避免直放站和干放级联使用。

7）LTE 和 5G 的室内分布系统不使用干放。

选用干放时考虑的指标和直放站选用时考虑的指标非常类似。首先要考虑干放工作的频率范围，其次就是上下行增益的调节范围、输出功率的大小等指标。为了减少引入干放对系统性能的影响，还要考虑干放的杂散抑制能力、互调衰减能力和带外抑制能力等指标。表 2-13 是某厂家干放的部分参考指标，在工程设计时，一般都要考虑这些指标。

表 2-13 某厂家常用干放的部分参考指标

	下　行	上　行
频率范围	870~880 MHz	825~835 MHz
最大输出功率	33/37 dBm	10 dBm
频率误差	≤±5×10⁻⁸	
最大增益	50 dB±3 dB	
增益调节范围	≥30 dB	
增益调节步长	≤2 dB	
增益调节误差	增益调节步长误差≤±1 dB/每步长	
噪声系数	≤6 dB	
驻波比	输入、输出驻波比：≤1.5	

2.6.6 衰减器

老子有言："天之道，损有余而补不足。"

古代大教育家孔子说过，冉有做事总是缩头缩脑，所以我激励他勇敢去做；子路做事勇敢莽撞，所以我劝他谨慎细致。也就是说，孔子对不同性格的人教育的方法是不一样的，做到了"损有余而补不足"。

在室内分布系统的设计中，也要根据信号强度的不同，做到"损有余而补不足"。如果说干放是室分系统用来给信号功率"补不足"的，那么"衰减器"则是室分系统使信号功率"损有余"的（见图 2-32）。

图 2-32　损有余而补不足

衰减器，和放大器的功能相反，是指在一定的工作频段范围内可以减少输入信号的功率大小、改善系统阻抗匹配状况的射频器件。

馈线在信号传输的过程中，也会有信号的相位偏移、幅度衰减；而衰减器是由电阻元件组成的两端口射频器件，在工作频段范围内相位偏移为零，幅度衰减程度与频率大小无关。

衰减器最重要的指标就是衰减度。衰减度（A）定义为衰减器输出端口比输入端口信号功率衰减的程度，如图 2-33 所示。

假若衰减器输入端口的信号功率为 P_{in}(dBm)，输出端口的信号功率为 P_{out}(dBm)，衰减器的功率衰减度为 A(dB)，那么衰减器的衰减度为

$$A=P_{in}-P_{out} \tag{2-13}$$

图 2-33　衰减器原理

工程中通常使用的衰减器一般有固定和可变两种，常见的衰减度大小有 5 dB、10 dB、15 dB、20 dB、30 dB、40 dB 等。

衰减器由电阻元件组成，是一种能量消耗元件。信号功率消耗后变成器件的热量。这个热量超过一定程度后，衰减器就会被烧毁。衰减器的结构和材料确定后，它在单位时间内可

承受的热量（功率容量）就确定了。因此，功率容量是衰减器工作是必须考虑的一项重要指标。一定要让衰减器承受的功率远远低于这个极限值，确保衰减器正常工作。

衰减器的主要用途是调整输出端口信号功率的大小。

比如在室内分布系统中，天线口功率过大，信号会泄漏到室外，给室外无线环境造成干扰，影响整个无线网络的性能。在无线信号进入天线之前，安装一个衰减器，使天线口的功率降下来，让它只覆盖自己的目标区域，衰减器起到了调节天线口功率大小的作用。

衰减器还用于在信号测试中扩展信号功率测量范围的作用。

比如使用频谱仪分析某一放大电路的输出信号，但是这个信号的功率大于频谱仪的功率，怎么办？衰减器可以等比例地降低信号的功率，并不改变信号的相位偏移。在衰减器的信号输出端接上频谱仪，对信号进行分析，然后通过简单的计算还原出放大电路输出信号的情况。

在实际测量放大电路信号时，通常采用"先进衰减器，再进测量仪"的办法，扩展了可测信号的动态范围。

2.6.7 馈线

在室内分布系统中，馈线又叫作射频电缆，是连接射频器件，进行无线电波传送的传输线。馈线的主要工作频率范围是 100~3000 MHz，对应的波长工作范围为 3~0.1 m。

一般来说，当传输线的物理长度远远大于所传送无线信号的波长时，这时不能再把传输线当作无损的等电位短路导体，无线电波在传输线中传播，是入射波和反射波的叠加，幅值、相位都会变化，所以这样的传输线又叫作长线。馈线就属于长线传输线。

最早的馈线是用来连接电视机与室外天线的信号线，扁平状，双线之间有较宽的距离，以减小两线间分布电容对射频信号的影响，但信号线外部没有屏蔽层，抗干扰能力极差。

现在的馈线完全由同轴电缆取代。同轴电缆必须有屏蔽层，以避免传输线拾取杂散信号，或者两线相互作用产生杂散信号。同轴电缆的主要功能是在正常工作环境条件下，尽量保证信号源和天线之间充分地传输无线信号功率，保证电磁波在封闭的外导体内沿轴向传输，而不和传输线外部无线环境中的电磁波发生相互作用。

同轴电缆由内导体、绝缘体、外导体和护套 4 部分组成，如图 2-34 所示。

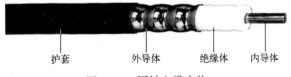

护套　　　　外导体　　　绝缘体　　内导体

图 2-34　同轴电缆实物

在室分系统的设计中，选用馈线首先要关注的指标就是馈线的损耗。馈线越长，馈线的损耗就越大；无线电波的频率越高，馈线的损耗越大；馈线越细，馈线的损耗也越大。不同厂家的生产工艺不同，所用的材料略有差异，在同等条件下使用时，馈线的损耗会略有差别，但这不是主要的因素。馈线的损耗主要和馈线的长度、无线电波的频率、馈线的粗细有关。

一般情况下，为了便于馈线选用，下面给出一个指标——馈线的百米损耗作为设计参考。室分系统中常用的馈线有 10D 馈线（D 代表 Diameter，一般指的是同轴电缆绝缘体的直径，单位为 mm）、1/2″馈线（1 in = 25.4 mm）、7/8″馈线、5/4″馈线等。这些馈线在不同无线电波频率下的百米损耗趋势如图 2-35 所示。

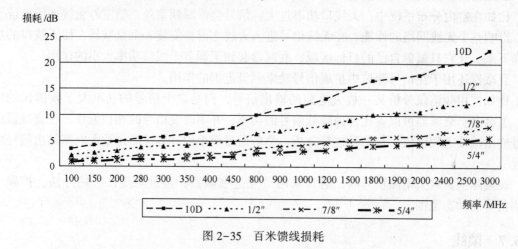

图 2-35　百米馈线损耗

同一类型的馈线不同厂家的百米损耗会略有不同。选用馈线时，一定要了解厂家不同型号馈线的百米损耗，见表 2-14。

表 2-14　不同型号馈线的百米损耗

频率/MHz	10D/dB	1/2″/dB	7/8″/dB	5/4″/dB
100	3.40	2.17	1.19	0.83
150	4.10	2.64	1.46	1.02
200	4.80	3.10	1.72	1.20
280	5.50	3.68	2.05	1.44
300	5.70	3.83	2.13	1.50
350	6.20	4.14	2.30	1.62
400	7.00	4.44	2.48	1.75
450	7.38	4.75	2.65	1.87
800	10.00	6.46	3.63	2.59
900	11.00	6.87	3.88	2.77
1000	11.73	7.28	4.12	2.94
1200	13.20	8.00	4.54	3.26
1500	15.30	9.09	5.18	3.73
1800	16.73	10.10	5.75	4.16
1900	17.20	10.40	5.93	4.30
2000	17.80	10.70	6.11	4.43
2400	19.60	11.82	6.78	4.95
2500	20.08	12.10	6.95	5.08
3000	22.50	13.40	7.80	5.68

越细的馈线，单位长度的重量越小，柔韧性越好，越容易弯曲，允许的最小弯曲半径越小（不同规格馈线的最小弯曲半径见表 2-15），但是馈线损耗相对较大；相反，越粗的馈线，单位长度重量越大，硬度越大，越不易弯曲，允许的最小弯曲半径越大，但馈线损耗比较小。

表 2-15 不同规格馈线的最小弯曲半径

规　　格	5D	7D	8D	10D	1/2″	7/8″	5/4″
最小弯曲半径/mm	70	100	110	140	200	280	400

常用的馈线如 5D、7D、8D、10D、12D 这几种，都是较细的馈线，其特点比较柔软，可以有较大的弯折度。超柔射频同轴电缆适用于需要弯曲较大的地方，如基站内发射机、接收机和无线通信设备之间的连接线（俗称跳线）。

但是 3G、WLAN、LTE、5G 等无线制式使用的频段较高，一般不宜采用这么细的馈线，需要使用 1/2″、7/8″或者更粗的馈线。这些电缆硬度较大，信号的衰减小，屏蔽性也比较好，适用于信号的传输。这些较粗的馈线和超柔电缆可以优势互补、取长补短。

2.6.8 接头/转接头

接头是将两个独立的传输媒介连接起来的器件，这里的传输媒介包括同轴电缆、光纤、泄漏电缆等。

转接头和接头的作用不一样。转接头是将两种不同型号的接头做成一个整体，实现接口类型的转换。

无线信号在传输媒介传送的过程中，应该尽量保持传送通道对信号的传输特性是一致的，不会因为器件分界面的存在而导致系统的线性度下降，从而产生过多反射波、散射波等影响主信号传播的问题。

因此，在室分系统中，不管使用接头还是转接头，都应该保证其和传输线路阻抗尽量匹配，避免由于引入接头或者转接头导致系统驻波比增大很多，影响系统的性能。

影响接头和转接头品质的最重要因素是它们的材质。材质不同，对信号传输的影响就不同。制作接头和转接头的材质的选用既要考虑材质的机械连接强度，还要考虑材质的电气连接性能，一般都选用优质的黄铜来制作接头和转接头。

另外，影响接头和转接头品质的还有绝缘材料的选用、加工工艺等方面的因素。同一厂家使用同样材料生产的同一批次的接头或转接头，品质也可能不同，在出厂前要检测其在工作频率范围内，驻波比是否达标。

人们往往重视信源、功分器、耦合器、干放等射频器件的选用，却忽视接头/转接头的性能优劣。室分系统的性能问题往往是由这些小的细节不被重视而产生的。

建议：在室内分布系统中，尽量少地使用接头或转接头。不管接头或转接头的质量多好，每增加一个节点，就增加一份噪声。接头的焊接质量不好，也会引入更多的噪声，而且很难定位问题。

常用接头类型：N、SMA、DIN、BNC、TNC。接头都有公母（F/M，Female/Male）之分，选用时要注意接头的匹配。有的接头公母之分用"J/K"表示，J 代表接头螺纹在内圈，内芯是"针"；K 代表接头螺纹在外圈，内芯是"孔"。

常用转接头：BNC/N-50JK，SMA-J/BNC-K。转接头都涉及两种不同的接口类型。"/"代表转接头，前后连接的是不同的接头类型。

2.7 信源的"触角"——室内分布天线

天线的英文单词"antenna"还有另外一个意思，就是某些动物头上的触角，它有感觉外界事物的作用。它有两个方面的功能：一方面大脑的指令传到触角，触角可以来回挪动（下行方向）；另外一方面，外界物体的信息通过触角传回大脑（上行方向）。

天线可以看作是信源的"触角"，只不过室外站的"触角"较少，而室内站的"触角"少则数十个，多则上百个。这个"触角"可以把信源传出的射频信号发射到无线环境中（下行方向）；又可以从无线环境中收集电磁波信号，然后传回到信源那里（上行方向）。

1897年，意大利无线电工程师、企业家马可尼发明了天线，并首次实现了远距离无线通信。由于天线在军事领域的重要应用，各国政府非常重视，天线技术发展迅猛。

现阶段天线技术已经相当成熟，宽频带、双极化、远程电调技术已经应用在天线的设计中，智能天线技术也得到了广泛的应用。

我国从事天线生产的企业数量多、规模小和实力弱，和国际知名天线厂家亚伦、安德鲁、阿尔贡、凯司林相距甚远。从全年销售总值来看，只有西安海天、深圳摩比、佛山健博通、三水盛路、中山通宇等少数几家企业达到了亿元左右的销售额。

2.7.1 天线的基本原理

麦克斯韦电磁波定理告诉大家：变化的电场产生磁场，变化的磁场产生电场。当导线上有交变电流时，就会发生电磁波的辐射。利用电磁波的辐射，就可以把射频信号发射出去。

问题的关键是，电磁波辐射的能力和哪些因素有关，以及如何提高辐射的效率。

电磁波辐射的能力与两导线张开的角度、导线的长度有关。

两根导线离得很近，电磁场完全被束缚在两根导线之间，向外辐射的能量很小；两根导线张开一定的角度，电磁场就会扩散到周围的无线环境中，滞留在导线之间的能量就会减少，向外辐射的能量就会增大；当两根导线呈180°时，电磁场向外辐射的能量最大，如图2-36所示。

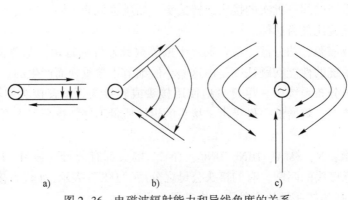

a)　　　　　　　　　b)　　　　　　　　　c)

图2-36 电磁波辐射能力和导线角度的关系

导线的长度和辐射能力有什么样的关系呢？

当导线的长度远远小于电磁波的波长 λ 时，它向外辐射电磁波的能力很小，称这样的导线为"电偶极子"。

理论上讲，当导线的长度增大到接近波长时，电磁波的辐射能力大大增强。把接近波长且辐射能力比较强的直导线称为"天线振子"。而当导线长度大于波长时，辐射能力增长减缓；也就是说，导线长度成倍地增加，辐射能力只是缓慢地增加。

当导线的长度大于一个波长，并且是半波长的整数倍时，称之为长线天线；当导线长度是半个波长时，称之为半波天线，也叫作半波振子；当导线长度为 1/4 波长时，称为 1/4 波长天线或 1/4 波长振子。

单纯从辐射能力上讲，长线天线要大于半波天线，半波天线要大于 1/4 波长天线，但是并不是大得太多。也就是说，长线天线比半波天线和 1/4 波长天线的辐射能力略高、比较接近；但半波天线和 1/4 波长天线长度则小了很多，体积和重量也减少很多，物料和施工成本也会降低很多。

所以，从工程实践上讲，需要在辐射效果和天线长度之间寻求一个最好的平衡点。当天线长度为电磁波波长的 1/4 时，天线的辐射能力和接收效率较高、体积重量也比较适中。

两臂长度相等的振子叫作对称振子。每臂长度为 1/4 波长、全长为 1/2 波长的振子，称为半波对称振子，如图 2-37 所示。单个半波对称振子可直接使用，也可以由多个半波对称振子组成高增益的天线阵来使用。

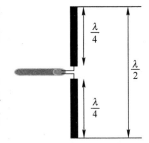

图 2-37 半波振子

半波对称振子，无论是从辐射效果的角度看，还是从施工安装成本的角度看，都是非常适合工程实际的，是一种适用场景最多、使用范围最广的天线。

2.7.2 天线的指标和参数

我们可以从很多不同的角度来描述一个人的特点。从身体素质的角度上讲，可以描述其身高、体重、外形等（天线的尺寸、重量、材质等可见的外在物理特性，称为机械指标）；从文化素质的角度上讲，一般描述他的专业范围、学历、学习能力等（天线的频率范围、增益、波束宽度、前后比、极化方式、功率等不可见的内在的电气特性，称为电气指标）。一个人的身体素质和文化素质是不管有没有工作，都存在的指标，相对稳定（天线的机械指标和电气指标在出厂前就确定了。设计施工时需要考虑这些指标，但不能改变这些指标）。

而从实际工作的岗位上看，此人可能有一定的职位（如处长），负责一定的工作、管辖一定的范围。上级在安排他的工作时，可能考虑了他的身体素质和文化素质，但也可能根据工作的实际需要，调整他的工作岗位（根据天线的机械特性、电气特性，结合实际无线环境，确定使用天线的工程参数，包括高度、方向、下倾角、安装位置）。

天线的机械指标和电气指标是在出厂前已经确定的天线参数，而天线的工程参数是在设计和规划过程中根据无线环境的情况确定的。

机械指标主要决定天线的安装方式；电气指标和工程参数共同决定天线的覆盖范围和覆盖区域的信号质量。

天线的指标（机械指标、电气指标）和工程参数的具体内容见表2-16。

表 2-16　天线的指标和参数

机械指标	接口形式
	天线尺寸（长）
	天线重量
	天线罩材
	风阻抗
	安装方式
电气指标	频率范围/MHz
	天线增益/dBi
	半功率波束宽度/(°)
	前后比/dB
	驻波比
	极化方式
	最大功率/W
	输入阻抗/Ω
工程参数	方向角
	下倾角
	挂高
	位置

在室内环境中使用天线，更关注的是天线的电气指标。

天线总是在一定的频率范围内工作、为一定的无线制式服务。从降低带外干扰信号的角度考虑，所选天线的带宽刚好满足频带要求即可。

下面将详细介绍一下天线增益、辐射方向图、波瓣宽度三个指标。如有对其他指标感兴趣的读者，请查看相关参考文献。

（1）天线增益

你走在戈壁滩上，渴望有人结伴而行。突然发现前面不远处有一个人，你大声呼喊："嗨……"他没有听见。你用手做喇叭状置于嘴前，继续喊："嗨……"这次他听到了。手做喇叭状置于嘴前，对声音的传播就有增益。此时手的作用是在声音不增大的情况下使声音传得更远，效果更好。

天线增益，简单地讲，即无线电波通过天线后传播效果改善的程度。既然是效果改善，就得有个比较的基准。

假如想使自己的声音传得更远，用牛皮纸做了一个喇叭状的纸筒，置于嘴前呼喊，比用手做喇叭状置于嘴前呼喊的效果好1倍，而比直接呼喊的效果好1.5倍。也就是说，比较的基准不一样，增益的数值就不一样。

天线增益一般用dBi和dBd两种单位表示。

dBi用于表示天线的最大辐射方向场强相对于点辐射源在同一地点辐射场强的大小。

点辐射源是全向的，它的辐射是以球面的方式向外扩散的，没有辐射信号的集中能力。太阳在宇宙中，可以认为是点辐射源，没有能量的集中能力，或者说增益为0 dBi。

天线的辐射是有方向性的。同样的信号功率，在天线最大辐射方向的空间某一点，肯定比经过点辐射源在空间某一点的场强大。

　　dBd 用于表示天线的最大辐射方向场强相对于偶极子辐射源在同一地点辐射场强的大小。

　　偶极子的辐射不是全向的，它对辐射的能量有一定的集中能力，在最大辐射方向上的辐射能力，比点辐射源要大 2.15 dB，如图 2-38 所示。也就是说，0 dBd 等于 2.15 dBi，用 dBi 表示的天线增益数值比 dBd 表示的天线增益数值大 2.15。

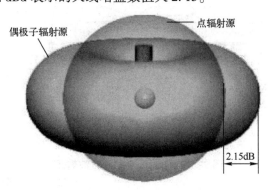

图 2-38　dBi 和 dBd 的参考基准

　　目前常见的天线增益为 0~20 dBi，一般室内分布系统的天线增益为 0~8 dBi，而室外的天线增益从 9 dBi（全向天线）到 18 dBi（定向天线）都有应用。

　　（2）辐射方向图

　　辐射方向图用来说明天线在空间各个方向上所具有的发射或接收电磁波的能力，是天线辐射特性在空间坐标中的图形化表示。

　　理论上，天线的辐射方向图是立体的。但为了便于作图显示，提出了水平波瓣图和垂直波瓣图的概念。把天线的辐射方向图沿水平方向横切后得到的截面图，叫作水平波瓣图；把天线的辐射方向图沿垂直方向纵切后得到的截面图，叫作垂直波瓣图。

　　辐射方向图还可分为全向天线的辐射方向图和定向天线的辐射方向图。

　　全向天线的水平波瓣图在同一水平面内各方向的辐射强度理论上是相等的，如图 2-39 所示。

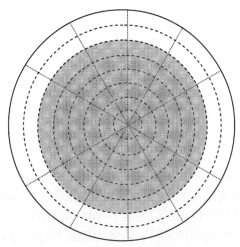

图 2-39　全向天线的水平波瓣图

全向天线的垂直波瓣图在各个方向的辐射强度是不相同的，但以天线为轴左右对称，如图 2-40 所示。

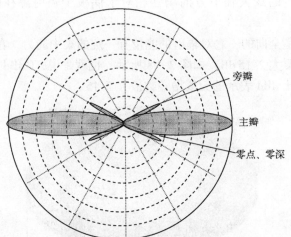

图 2-40　全向天线的垂直波瓣图

定向天线的水平波瓣图和垂直波瓣图在各个方向上的辐射强度是不同的。定向天线的水平波瓣图如图 2-41 所示，垂直波瓣图如图 2-42 所示。

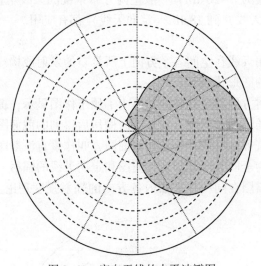

图 2-41　定向天线的水平波瓣图

波瓣图一般包括主瓣和旁瓣，主瓣是辐射强度最大方向的波束；旁瓣是主瓣之外的、沿其他方向的波束；在主瓣相背方向上也可能存在由电磁波泄漏形成的波束，叫作背瓣或后瓣。如图 2-42 所示。

（3）波瓣宽度

所谓波瓣宽度，是指天线辐射的主要方向上形成的波束张开的角度。波束张开的角度如何计算，是个问题。因为波瓣图形上任何两点和辐射源点的连线都可以形成一个角度，如果这样的话，波瓣宽度可以是任何值。所以定义了 3 dB 波瓣宽度。

3 dB 波瓣宽度就是指信号功率比天线辐射能力最强方向的功率差 3 dB 的两条线的夹角，如图 2-43 所示。

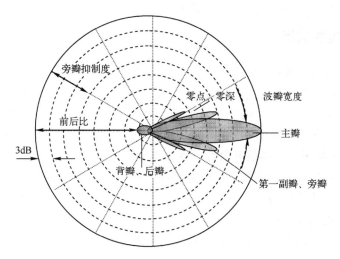

图 2-42 定向天线的垂直波瓣图

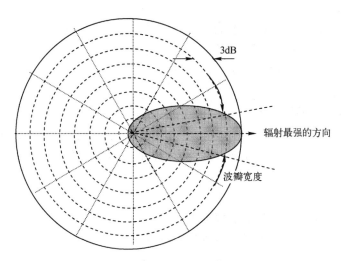

图 2-43 天线的波瓣宽度

　　一般来说，天线的波瓣宽度越窄，它的方向性越好，辐射的无线电波的传播距离越远，抗干扰能力越强。

　　波瓣宽度也有水平和垂直之分。

　　全向天线的水平波瓣宽度为 360°，而定向天线的常见 3 dB 水平波瓣宽度有 20°、30°、65°、90°、105°、120°、180°等多种。

　　天线的 3 dB 垂直波瓣宽度与天线的增益、3 dB 水平波瓣宽度相互影响。在增益不变的情况下，水平波瓣宽度越大，垂直波瓣宽度就越小。一般定向天线的 3 dB 垂直波瓣宽度在 10°左右。

　　如果 3 dB 垂直波瓣宽度过窄，则会出现"塔下黑"的问题，也就是说在天线下方会有较多的覆盖盲区。在天线选型时，为了保证对服务区的良好覆盖，减少死区，在同等增益条件下，所选天线垂直波瓣 3 dB 宽度应尽量宽些。

2.7.3 室内天线的选型

一般来说，室内分布系统天线的选用主要基于以下两个原则：

1）室内天线的选用要考虑室内环境特点，选用的天线要尽量美观，天线的形状、颜色及尺寸要与室内环境相和谐。室内分布系统使用的天线和室外环境下使用的天线，在外形方面会有大的不同。一般室内天线形状小、重量轻，便于安装。

2）天线的选用要考虑覆盖的有效性，既要满足室内区域的覆盖效果，又要减少信号在室外的泄漏，避免对室外造成干扰。室内天线的增益一般比室外天线小，覆盖范围较室外天线小很多。在选用室内天线时，增益不能过大，过大容易导致信号外泄；增益也不能过小，过小则无法保证室内的覆盖。

常用的室内天线有四种：全向吸顶天线、壁挂式板状定向天线、高增益定向天线、泄漏电缆。

（1）全向吸顶天线

夏日的傍晚，你漫步在小区附近的开放公园里，耳边传来轻柔的音乐，悦耳动听。你发现了道路两旁的圆柱形音响，把美妙的音乐传向四周，但每一个音响传得并不是很远。整个公园里有很多这样的音响，组合起来，公园里就充满了柔和的音乐。这种圆柱形音响套用无线通信的语言可称之为全向型扩音器。

全向吸顶天线的主要特点集中在"全向""吸顶"这两个词上。"全向"是指天线的水平波瓣宽度为360°（垂直波瓣宽度为65°）；"吸顶"是指天线一般安装在房间、大厅、走廊等场所的顶棚上，应尽量安排在顶棚的正中间，避免安装在窗户、大门等信号比较容易泄漏的地方。

全向吸顶天线的增益较小，一般为2~5 dBi。这一点很好理解，水平和垂直波瓣宽度大的天线，增益一般都很小。能量扩散范围大，则能量集中的能力就会降低。

室内分布系统的全向吸顶天线的基本指标可参考表2-17。

表2-17　室内全向吸顶天线的基本指标

天线工作频率	698~960/1710~2700MHz
增益	2 dBi
水平波束宽度	360
垂直波束宽度	65
极化	垂直单极化
前后比	无
VSWR	<1.5
天线下倾	无

全向吸顶天线的实物如图2-44所示。

（2）壁挂式板状定向天线（壁挂天线）

去大型礼堂参加会议，有时可以看到礼堂四周的墙壁上各挂了两个扩音器。这些壁挂式扩音器的目的是把主席台上的声音有效地传到礼堂内每个人的耳朵里，因此，这些扩音器的增益比公园里的扩音器大多了。

室内分布系统中的壁挂式板状定向天线，多用在一些比较狭长的室内空间，安装在房间、大厅、走廊、电梯等场所的墙壁上。天线安装时前方较近区域不能有物体遮挡。如果在窗口处安装，注意保证天线的方向角冲向室内，避免室内信号外泄到室外。

　　壁挂天线的增益比全向天线的增益要高，一般为 6 ~ 10 dBi，水平波瓣宽度有 90°、65°、45° 等多种，垂直波瓣宽度在 60° 左右。

　　室内分布系统壁挂式定向天线的基本指标可参考表 2-18。

图 2-44　室内全向吸顶天线实物

表 2-18　室内壁挂式天线的基本指标

天线工作频率	698-960/1710-2700MHz
增益	7dBi
水平波束宽度	90
垂直波束宽度	60
极化	垂直单极化
前后比	>20 dB
VSWR	<1.5
天线下倾	无

　　室内壁挂天线的实物如图 2-45 所示。

　　（3）高增益定向天线（以八木天线为例）

　　八木天线（Yagi antenna），又名雅奇天线，是 20 世纪 20 年代，日本东北大学的八木秀次等人发明的。八木天线是高增益定向天线的一种。

　　八木天线至少由三对振子，一个横梁组成。最简单的八木天线外形结构呈"王"字形。

　　"王"字的中间一"竖"就是八木天线的横梁；"王"字的中间一横是与馈线相连的有源振子，也叫主振子。

图 2-45　室内壁挂天线

　　"王"字的另外两横，一个是反射器，一个是引向器。反射器是比有源振子长一点的振子，作用是削弱从这个方向传来或冲这个方向发射去的电波；引向器是比有源振子短一点的振子，作用是增强从这个方向传来或冲这个方向发射出去的电波。引向器可以有一个或多个，离有源振子越远，其长度就越短。八木天线的实物如图 2-46 所示。

　　引向器越多，则方向越尖锐、增益越高。当引向器增加到四五个之后，增益增加的优点就不明显了，而体积大、重量增加、安装不便，成本攀升的缺点却越来越大。

　　八木天线最大的特点是方向性好，有较高的增益，一般为 9 ~ 14 dBi，像一个张口很小的细长喇叭，可以将声音传得很远。但它的缺点是工作频段较窄，不适合 2G 和 3G 多系统合路的场景使用。

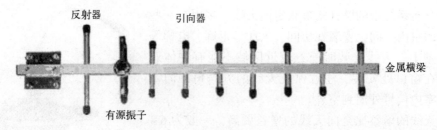

图 2-46 室内高增益八木天线

从八木天线的特点可以看出，它非常适合在狭长封闭空间（如电梯井、隧道等场景）中使用。

室内分布系统定向高增益八木天线的基本指标参考表 2-19。

表 2-19 八木天线的基本指标

天线工作频率	2400~2600 MHz
增益	14 dBi
水平波束宽度	50
垂直波束宽度	45
极化	垂直单极化
前后比	>15 dB
VSWR	<1.5
天线下倾	无

（4）泄漏电缆

泄漏电缆，是外导体部分开孔的同轴电缆。通过电缆上的一系列开孔，可以把无线信号沿电缆均匀地发射出去，也可以把沿电缆纵向分布的无线信号接收回来，因此，泄漏电缆也可以看成是一种天线，如图 2-47 所示。

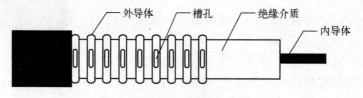

图 2-47 泄漏电缆

泄漏电缆非常适合在隧道、地铁等狭长的无线环境中使用，但它的缺点是成本高、安装不便。

泄漏电缆的技术指标类似于馈线的指标（如百米损耗），和常用的天线指标有所不同，不用增益、辐射方向图、波瓣宽度这类指标来描述。

在选择泄漏电缆时，除了考虑百米损耗之外，还要考虑的一个关键指标：耦合损耗（一般指距泄漏电缆开孔处 2 m 的损耗）。泄漏电缆的基本技术指标参考表 2-20。

5G 时代，由于使用毫米波为工作频段，使得大规模天线阵列（Massive MIMO）小型化得以实现，室内天线的集成度更高，可选的天线形状会更加丰富，如图 2-48 所示。

表 2-20 泄漏电缆的基本技术指标

泄漏电缆规格		7/8″	5/4″
百米损耗	900 MHz	4.6 dB/100 m	3.5 dB/100 m
	1800 MHz	6.9 dB/100 m	5 dB/100 m
	2400 MHz	8.6 dB/100 m	6.5 dB/100 m
耦合损耗 （距耦合孔 2 m 处的损耗）	900 MHz	87 dB±10 dB	86 dB±10 dB
	1800 MHz	89 dB±10 dB	87 dB±10 dB
	2400 MHz	89 dB±10 dB	88 dB±10 dB
特性阻抗		50 Ω	50 Ω

a)

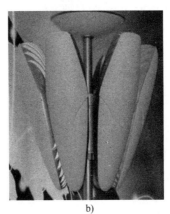
b)

图 2-48　5G 大规模天线阵列示意

综上所述，室内分布系统选用天线时应注意以下四点。

（1）尽量选用宽频天线

在室内分布系统天线选择过程中，天线的频段应包括 GSM、CDMA、WCDMA、TD-SC-DMA、WLAN、LTE 等无线制式的工作频段，也就是说，包括从 800~2500 MHz 的所有移动通信频段。

选用宽频带，可以避免增加新的无线系统时对天馈线的改造，也可以避免重复进站、重复施工的问题。

（2）不考虑分集和波束赋型

由于室内环境空间狭小、穿透损耗大，使用分集技术就好比用高射炮打蚊子，对系统性能的提高不明显，却增加了系统成本。

一般室内分布系统的天线密度大，再加上室内环境复杂，用户密度大，使用波束赋型就好比在人群使用水枪喷射某个人，不一定能够精确喷射，还不如用一盆水不管三七二十一泼过去，反而能够喷到那个人。

所以，在室内使用分集和波束赋型技术效果不好、意义不大。大家知道，TD-SCDMA、LTE 支持波束赋型的天线工作模式，但在室内环境中，也很少使用波束赋型的功能。

（3）选用垂直极化天线或双极化天线

水平极化的无线电波在贴近地物表面传播时，会产生极化电流，受地物阻抗的影响可产生热能，从而使无线电波信号迅速衰减；而垂直极化的无线电波则不易在地物表面产生极化电流，可以避免能量的大幅衰减，确保无线信号在复杂的室内环境中有效传播。因此，在室内环境中，天线一般均采用垂直极化方式。

在LTE室内双通道建设时，如果采用单极化天线部署两个通道，就会需要加倍的天线安装位置，增加成倍的施工量；改用双极化天线（见图2-49），就可以达到一副天线，使用一个天线安装位置，一次施工，支持两个通道的效果。

a)   b)

图2-49　双极化天线

a）双极化吸顶天线　b）双极化壁挂天线

（4）天线选用要适应场景特点

全向吸顶天线在室内的房间中心使用；定向板状天线在矩形环境的墙面挂装；高增益定向天线和泄漏电缆一般应用在电梯井、隧道、地铁等狭长的封闭空间，八木天线适合只有一个系统的环境使用。如果多系统合路，需要使用宽频高增益定向天线，如宽频对数周期天线（有兴趣的读者请查看相关文献）。

第 3 章

重复施工为哪般——室分系统建设的项目管理

先讲一个美军炮兵操作条例变更的故事。

一位炮兵军官到下属部队视察时发现：在操练过程中，总有一名士兵站在大炮的炮管下面，纹丝不动。军官不解，询问原因，得到的回答是，操练条例就是这样要求的（见图3-1）。

图 3-1　操作条例变更的问题

军官想弄清楚这个操练条例存在的原因，反复查阅军事文献。最后终于发现，在过去大炮是由马车运载的，站在炮管下的士兵是负责拉住马的缰绳，避免大炮发射后由于后坐力产生太大的距离偏差。现在马车拉炮的情况早就不存在了，但操练条例没有及时调整，因此才出现了"不拉马的士兵"。

这个故事告诉大家，随着环境的变化、技术的进步，适用原来情况的流程、规范也许不再适应新的情况。项目管理过程中，如果出现环境、条件的变化，项目管理人员不能忽略工作流程的调整。

随着无线通信技术的发展，大家办公的写字楼面临着不同运营商要求建设多套室内分布系统的问题。事实上，很久以前，这个写字楼已经布设了小灵通室内分布系统、GSM室内分布系统；前两年又布设了TD-SCDMA、WCDMA、CDMA2000分布系统，最近又新增了WLAN、LTE的分布系统；以后NB-IoT、5G也要进入这个写字楼。

室内分布系统建设面临着和市政工程施工同样的问题，没有统一的规划方案、缺乏完善的工程实施流程，需要反复进站、反复勘测、反复设计、反复施工、反复测试、反复优化。

窝工废料不说，室内无线覆盖质量也难以保证。

这就迫切需要探讨一套多制式、多场景条件下的室内规划规范，以完善室内分布系统工程的建设优化流程。

所谓流程，就是指完成项目的一系列规定动作。韩非子说："法莫若一而固，使民知之。"规范、流程也有类似"法"的特性。统一、固化是任何规范、流程发挥最高效用的必备条件。"朝令夕改"会使"令"本身丧失权威性和可信度。

但是，固化的流程就有可能不适应新情况，不能解决新问题。一方面要固化流程，另外一方面又需要改进流程，这确实是个非常矛盾和棘手的问题。

再合理的规范、再完善的流程，都需要有责任心、有技术能力的人来贯彻实施，这里就涉及室内分布系统项目的人力资源储备和团队建设问题。

在保证室分系统建设的各项工作按照既定的流程有条不紊地进行的同时，还要注意依据变化了的客户需求、室分环境，实现室分系统建设流程的优化和变革，这就要看室分系统建设项目管理人员的应变决策能力了。

本章要介绍的内容包括室分系统建设的流程（关键流程），室分系统项目管理模型、室分系统建设项目 WBS 工作分解等实际工程中常见的问题。

3.1　从戴明环说起——室分系统建设的关键流程

"戴明环"是由美国质量管理专家戴明提出的 PDCA 循环产品质量改进流程。其实我认为这是一个放之四海而皆准的方法论。大到秦始皇修建长城，小到小男生追求自己心爱的女孩，都可以使用"PDCA"这个方法。

那么，"PDCA"这四个字母的含义是什么呢？

P（Plan）：计划、规划、策划、谋划等，其实就是确定目标、活动计划、实施方案的过程。在室分系统建设的过程中，P（Plan）这个阶段对应的是室分系统的规划设计阶段（见图 3-2）。

图 3-2　PDCA 过程

D（Do）：实施、执行、落地；实现规划阶段确定的目标和任务。这是一个使计划成形、战略落地的阶段。马云说："战略不能落实到结果和目标上面，都是空话。"在室分系统建设的过程中，D（Do）这个阶段对应的就是室分系统的建设施工阶段。

C（Check）：检查、检验、测试；检查计划执行的结果、效果，找出问题所在，指出改进方向。在室分系统建设的过程中，C（Check）是指室分系统测试评估阶段。

A（Action）：行动、改进、优化、完善；对检查出来的问题进行处理解决、优化完善，进一步提高项目实施的质量。在室分系统建设的过程中，A（Action）是指室分系统优化阶段。

"PDCA"是一个循环往复的过程。项目经过一个"PDCA"流程，还会有一些遗留问题。为了进一步提升项目交付质量，可以启动下一个"PDCA"，如图 3-3 所示。可以这样说，上一级的循环是下一级循环的前提和依据，下一级的循环是上一级循环的落实和具体化。

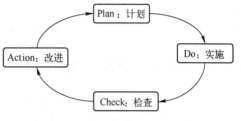

图 3-3　PDCA 循环往复过程

一个大的项目，"PDCA"的任何一个阶段都可以细分为一个或多个小的"PDCA"过程。可谓：大环套小环，一环扣一环。小环是大环某一阶段的具体化、细节化；大环（某一阶段的目标）则是小环完成和结束的路标和里程碑，如图 3-4 所示。

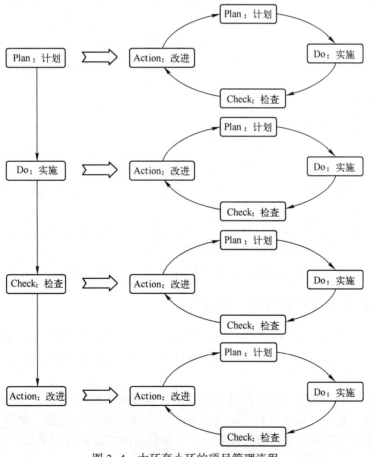

图 3-4　大环套小环的项目管理流程

65

按照"戴明环"的思路，把室分系统建设分为如图 3-5 所示的四大阶段。

图 3-5　室分系统建设的四大阶段

3.1.1　室内分布系统的规划设计阶段

规划设计阶段是室内分布系统建设非常重要的阶段。规划设计流程如图 3-6 所示。

首先就是目标楼宇的确定。把握两点：重要性和物业准入难度。但一般来说，大家常会碰到重要的楼宇不好进，好进的楼宇不重要的问题。譬如某所大学，移动用户数量多，楼宇无线覆盖差，非常有必要建设室内分布系统。但学校要求利益分成的条件比较苛刻，无法满足。

目标楼宇确定后，需要进行室内场景的工程勘察。工程勘察的主要目的是了解目标楼宇的物业要求、建筑结构、周边站点覆盖情况、已有室分系统的情况，为工程设计提供依据。

根据室内站点建筑面积、用途、结构特点等勘察结果，结合客户对覆盖质量的需求，进行覆盖和容量

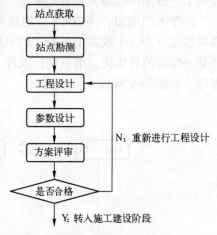

图 3-6　室内分布系统的规划设计流程

的估算，确定信源、功分器、合路器、天线等射频器件的选用，计算信号源的数量、天线的数量，确定天线的具体安装位置、完成详细的信源到天线的走线方式设计。

除了工程设计之外，还有室内分布的无线参数配置设计，如小区合并分裂设计、邻区参数配置、切换参数配置、频率扰码参数配置等。

详细的设计方案经过评审合格后，可以作为下一个阶段的输入，指导施工建设。

3.1.2　室内分布系统的建设施工阶段

有时候，物业准入、站点获取的工作在第一阶段没有完成，在建设施工的前期还需要继续站点获取的工作。在物业准入不存在问题的情况下，室内分布系统的建设施工流程如图 3-7 所示。

室分建设施工阶段的第一份工作就是室分物料和安装辅料的核实。一般情况下，在工程设计过程中，就会确定一份室分物料的清单列表，至少包括物料名称、型号、数量等内容，见表 3-1。对照室分物料清单列表，检查一下实际到货的室分物料的型号、数量是否和清单一致。如不一致，查明原因，及时更正。

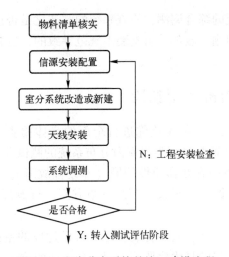

图 3-7 室内分布系统的施工建设流程

表 3-1 室分系统的物料清单参考样本

物料项目	型 号	数 量
1/2 in 超柔电缆	制成导线-DX0118-1/2″超柔电缆（FSJ4-50B）-50 m	XX
1 分 3 功分器	SLPS2203100（1 分 3、N-Female）——三水盛路	XX
1 分 2 功分器	SLPS2202100（1 分 2）——三水盛路	XX
全向天线	AC-Q7027-YZJN——三水盛路	XX
定向天线	742 149——KATHREIN	XX
1.8G/2.1G/2.6G 双极化天线	ODP-065R18J06 京信	XX
高增益定向天线	742192——KATHREIN	XX
与 GSM 共用时滤波器	793362——KATHREIN	XX
与 GSM、DCS 共用时滤波器	FDGW5504/2S-1——RFS	XX
7 dB 耦合器	天馈耦合器-GSM-800~2200 MHz-7 dB-N/Female	XX
10 dB 耦合器	天馈耦合器-GSM-800~2200 MHz-10 dB-N/Female	XX
7/8″电缆	同轴电缆-LDF5-50Ω-7/8″	XX
配 7/8″电缆同轴连接器	同轴连接器-N 型-50Ω-直/插头-公-LDF5-50Ω-7/8″	XX
负载	匹配负载-0~2 GHz-50Ω-2 W-N 型插头-公	XX
热缩套管-φ30	——	XX
N 型阳头	射频同轴连接器-N-50 ohm-插头/直式-公-配 1/2″超柔跳线	XX
DIN 阳头连接器	同轴连接器-7/16 DIN 型插头-50Ω/直式/公型-配 1/2″超柔跳线	XX
DIN 阴头连接器	同轴连接器-7/16DIN 型插头-50Ω/直式/母型-配 7/8″（LDF5-50 A、RF7/8″-50）电缆	XX
N 阴~SMA 阴转换器	同轴连接器-N/SMA 转换器-50Ω-直式/KFK-法兰盘安装	XX

物料核实无误后，就可以开始进行安装施工了，包括信源的安装和参数配置（要把设计好的参数灌入信源里）、原有室分系统的改造、新建室内分布系统走线和器件集成、天线的安装等。

最后，要进行室分系统的综合调测，检查系统的驻波比是否正常，天线口的发射功率是否正常。这里发生的异常问题一般都是由安装不规范导致的，也有少数问题是由于射频器件故障、信源工作异常导致的。

3.1.3 室内分布系统的测试评估阶段

现在去医院看肠胃病，医生首先让你进行全面的身体检查，包括验血、验尿、验便、CT、超声波、肠镜、胃镜（这个过程类似室内分布系统的测试评估）。

检查完成后，发现肠胃不存在器质性问题（非硬件故障），主要是肠道菌群紊乱（属于组网性能问题），需要从饮食、睡眠、药品三个方面进行调理（类似室内分布系统的优化调整）。

室分系统的施工完成并不代表大功告成，还要对已建成的室内分布系统进行测试评估。测试的目的是评估，评估的目的是优化调整、而不是争功透过。

测试评估可以分三个层级：网元级、系统级、业务级，如图 3-8 所示。

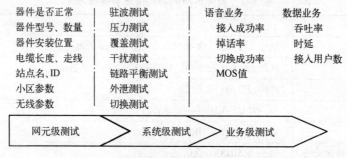

图 3-8 室分系统测试评估的工作内容

网元级测试是最基础的测试评估工作，没有这个工作，系统级、业务级的工作无从谈起。网元级的测试评估也可以称为室内分布系统的单站点验证，主要验证两个方面的内容：器件是否正常、参数是否一致。

参数是否一致也包括两个方面的内容：通过现场勘测，查看器件型号、器件数量、器件安装位置、电缆长度、路由走线等内容与工程设计方案是否一致；通过网管远程监控，查看站点名、站点 ID、小区参数、无线参数配置与规划设计参数是否一致。

系统级测试不是从单个网元的角度出发的，而是从整个室内分布系统是否能够协同工作、室内覆盖效果是否达标的角度出发的。室分系统本身的健康检查包括驻波测试、压力测试；室分系统的覆盖效果检查包括覆盖测试、干扰测试、链路平衡测试、外泄测试、切换测试等。

业务级测试是指接近用户体验的指标测试，如语音业务的接入成功率、掉话率、切换成功率、MOS 值等；数据业务的吞吐率、时延、接入用户数等。

3.1.4 室内分布系统的优化调整阶段

通过室内分布系统的测试评估，会发现很多系统硬件问题或者组网性能问题，按照如图 3-9 所示的流程进行优化调整。

针对硬件故障发生的室内的区域，要进行步测（Walking Test，WT）、定点测试（Call Quality Test，CQT），查看 RNC 后台告警信息，采集其中的硬件故障信息，定位问题发生的位置和原因。

如有可能是信源单板的问题，也有可能是干放的问题、天线的问题或者是其他射频器件的问题，则通过更换故障硬件来排除故障。故障处理后，还要进行效果评估，看是否解决了问题。

室内可能存在弱覆盖和盲覆盖的问题，可以通过增加天线口功率或者增加天线密度来改善覆盖效果。

在覆盖问题解决完成后，接下来需要控制干扰，包括室内信号外泄对室外造成的干扰、室外干扰源对室内的干扰及室分系统本身产生的干扰。

室内的门厅、电梯口、窗口经常会发生切换失败的问题，通过控制切换带大小、位置，调整切换参数来解决。

最后，要对室内分布网络承载的各种语音业务、数据业务的指标进行优化调整，以保证各业务在正式商用后能够正常运行。

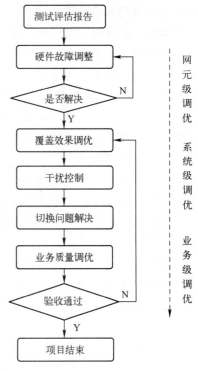

图 3-9　室内分布系统的优化调整流程

3.2　善始善终——室分项目的开始和结束

项目经理运作项目不可能一帆风顺，预想的美好结果和项目的实际运作会有较大的差距。无法交付的项目、不了了之的项目或者不满足客户期望的项目在运作过程中会碰到共同的问题，这些运作问题总结为项目管理的"六拍运动"（见图 3-10）：拍脑门、拍肩膀、拍胸脯、拍桌子、拍屁股、拍大腿。

图 3-10　六拍运动

第一拍：拍脑门。有些领导灵光一现，突然对某一项目情有独钟，主观觉得可行，没有进行详细的调查研究，也没有组织技术人员严格论证（或者虽然组织了，但通过明示或暗示的方法控制论证的结果），就立刻凭以往经验编制出一个项目计划，项目就立刻上马。

第二拍：拍肩膀。项目决定上马后，为了调动项目成员的积极性，增强大家项目必胜的信念，开始激励大家，拍着大家肩膀说："这个项目意义非同凡响，干好了，前途无量。"

第三拍：拍胸脯。大家受到领导的激励和信任，为了让领导放心，就拍着胸脯表示："没问题，为了美好的明天，保证完成任务！"

第四拍：拍桌子。过了一段时间，领导发现项目运作中存在很多问题，和自己的预期结果差别很大，于是恼羞成怒、大发雷霆，拍着桌子责骂道："看看你们都在搞什么？花了这么多钱，用了这么长时间，项目一点进展都没有！工资奖金不想要了？"

第五拍：拍屁股。大家受到训斥后，很多人热情受挫，消极怠工，抱怨道："客户需求不明确，人力资源不足，项目做不下去怪我？老子不伺候了！"于是拍屁股走人了。

第六拍：拍大腿。领导对项目这样的结果大失所望，悔恨不已，拍着大腿说："早知如此，何必当初……"

室分系统的建设包括规划设计、施工建设、测试评估、优化调整四个大的阶段。但从项目管理的角度来说，这并不是室分系统建设项目从始至终的全部过程。

一个项目应该包括五大管理过程：项目启动、项目计划、项目执行、项目监控和项目收尾。

其中，项目计划对应的是戴明环的 P（Plan）过程；项目执行对应的是 D（Do）过程。

项目监控的目的是发现项目运作的问题（测试评估），进行控制（优化调整），也就是对应戴明环的 C（Check）、A（Action）过程。但也有另外一种理解，认为项目生命周期内的每一个阶段，都应该有监控的环节，可以通过事件触发的会议或者周期性的汇报完成对关键过程的监控。

3.1 节中，室分系统建设的 PDCA 流程，涉及五大管理过程的三个。项目启动和项目收尾并没有涉及。本节介绍这两个过程。

3.2.1　室分项目的启动

好的开端是成功的一半。为了避免"六拍运动"问题的出现，在项目启动的时候，就应该充分调研、严密评估、合理规划，对项目的可行性、存在的风险、投入和收益有充分的把握。

在室分系统项目启动的阶段，要依次完成以下工作：收集项目信息、明确项目目标、争取项目资源、制定项目进度计划、召开项目启动会，如图 3-11 所示。

项目信息包括室内无线场景的建筑特点、物业获取特点、覆盖需求特点、业务特点，客户对室内覆盖的覆盖、容量、质量需求，给定无线制式的室内覆盖的技术规范、设计原则等内容。

根据收集到的信息，确定室内覆盖项目要实现的目标，包括大致规模、质量要求、进度要求、验收标准、项目的分工界面。

室分系统项目资源包括人力资源和物力资源。根据室内覆盖工作内容和工作量制定人力需求计划，包括人员角色及数量；根据室内无线制式的技术特点，

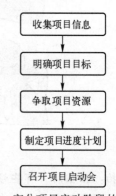

图 3-11　室分项目启动阶段的工作内容

选用施工工具、测试工具。如果人力和物力资源不足以支撑项目保质保量的完成，就需要考虑寻求外部资源的策略，即合作分包策略。

室分系统的项目计划是指按照室内分布系统的建设流程制定项目进度计划，可以根据实际情况进行调整。单个楼宇的室内分布建设进度安排见表 3-2，如果多个楼宇同时开始建设，可以考虑不同楼宇的并行建设，以节约总体建设进程。

表 3-2　单个楼宇的室内分布系统建设进度安排

	第1周	第2周	第3周	第4周	第5周	第6周	第7周	第8周	第9周	第10周
项目启动	■									
物业获取	■	■								
室内勘测		■	■							
工程设计			■	■						
参数设计				■	■					
施工建设					■	■	■			
测试评估							■	■		
优化调整								■	■	
项目验收										■

室内分布系统的项目启动会议标志着一个项目的开始，一般由项目经理负责组织和召开。项目启动会议可以分为内部项目启动会议和外部项目启动会议。

内部项目启动会议的目的是让项目团队成员对该项目的建设背景、项目总体规划、项目团队成员等整体信息和各自的工作职责有一个清晰的认识，并且获得决策层对项目资源的承诺和保障，以便后续工作的顺利开展。

外部项目启动会议是指和项目主要干系人一起组织的会议，包括和客户的项目启动会或和合作方的项目启动会。会议的目的是让客户或合作方对该项目的整体情况有个了解，敲定分工界面、建立沟通渠道、明确各自的职责和义务，让各方就项目建设的相关事宜达成共识。

3.2.2　室分项目的收尾

有句古话说得好："九十步笑百步。"事情越是到结尾的时候越应该重视。很多项目成员认为大势已定，可以放松警惕，但是"功亏一篑"可能使项目成败逆转。

项目收尾（Project Conclusion），根据美国项目管理协会（PMI）的定义，包括合同收尾和管理收尾两部分。

合同收尾在室分系统项目中，最重要的就是验收环节，对着合同初期确定的验收规范，逐条核对是否满足验收规范要求。室内分布系统的验收一般包括施工工艺的验收、施工质量的验收、覆盖质量的验收、干扰水平的验收、切换质量的验收、语音和数据业务质量的验收等。项目验收流程如图 3-12 所示。

项目结束后，总结管理上经验和教训，技术上得与失，更新或改进施工建设流程、问题定位处理的流程。所谓"前事不忘、后事之师"，及时的经验总结和案例分享、项目过程文档的整理归档就是室分项目的管理收尾过程。

管理收尾是项目经理经常忽略的过程。项目总结和学习，技术经验积累和沉淀是一个公司持续、长远发展的需要。这也是项目组成员自我学习、自我成长的必要过程。

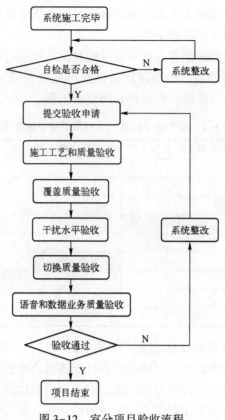

图 3-12 室分项目验收流程

3.3 铁三角、四要素——室分系统的项目管理模型

如图 3-13 所示，小吴负责的"环球广场"室分系统优化项目快要结束了，他向客户申请了项目验收。

客户负责人把他叫到办公室里说："这个项目还不能验收，电梯内和地下停车处的信号覆盖太弱。"

小吴说："这个在合同中没有要求吧！"

客户说："你怎么这么说话！以后还想不想做了？"

小吴只好说："对不起，我想这个会影响工期的。"

客户说："这个你不用担心，给你 2 个月的时间，回去安排吧！"

小吴面无表情地回到了办公室，项目组成员早就等他请客呢。

"吴哥，咱可以放松一下了吧！公司过两天要把我安排到别的省份工作了！"一个合作方的兄弟说。

"不行，项目还早得呢？"小吴说。

正在这时，小吴接到一个电话，说："你项目上的测试手机和驻波比测试仪该归还了！"

小吴抱怨道："这让我怎么干活？"

正在这时，客户打电话过来，说："工期和你说错了，是 1 个月！"

小吴瘫坐在座位上，说："这项目的施工质量可如何保证啊？"

图 3-13　室分系统的项目范围和工期的变更

项目经理最头疼的事情就是客户需求的改变和项目资源供给的不足，这也是项目可能出现的风险。

客户今天说要天上飞的，明天说要海里游的（范围变更）；今天说十万火急，从速处理，明天又说不要着急，有的是时间（时间变化）；今天说有些地方差不多就行，明天又要大幅提高指标（质量要求变化）。

为了节约交付成本，项目经理所在公司又要求不断减少人力、物力的供给（成本的控制），这就带来项目资源供给的不足。

一般来说，项目经理永远面临着这样的要求："多、快、好、省"地完成项目。这个要求用项目管理的语言来描述就是更大的项目范围（多）、更少的时间（快）、更高的质量（好）、更低的成本（省）。

但是，"多、快、好、省"这四个目标不可能同时实现。范围、成本、时间、质量是项目完成的四个要素，任何一个要素发生变化都会影响其他三个要素。

在室分系统建设过程中，假设客户要求在保证质量的情况下，实现更大的覆盖范围、提供更多交付件的时候（范围变大），项目经理所能做的要么增加更多的人力和物力投入（成本增加），要么延期交付（时间变长）。

一般情况下，室分项目的验收标准不可能变，也就是说室分系统的交付质量只能高，不能低；而室分项目的其他三个要素（范围、时间、成本）都要围绕着室分项目的验收标准，交付质量。

因此，室分项目的范围、时间、成本，可以围绕着质量组成一个"铁三角"，如图3-14所示。这里"铁三角"的意思是范围、时间、成本三个要素可以围绕着交付质量变化，但是它们相互制约。也就是说"铁三角"中"铁"的含义是各角各边的关系不能随便变化，当范围增加时，为了让这个"三角"不至于变形过于严重，成本要相应增加，工期要相应延长。

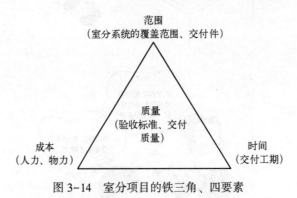

图3-14 室分项目的铁三角、四要素

3.4 WBS——室分系统建设的工作分解

工作分解结构（Work Breakdown Structure，WBS）是项目管理中最重要的工具，体现了项目管理渐进明细的思想，符合大事化小、繁事化简的原则。

WBS是制定进度计划、资源需求、成本预算、风险管理计划的重要基础，也是明确项目范围、控制项目变更的参考依据。

前面几节讲过，室内分布系统建设项目从开始到结束包括很多关键任务，每个任务又可以分为若干个子任务，见表 3-3。该表是室内分布系统建设项目的一个 WBS 举例，有些子任务还可以细分下去，这里不再赘述；该表仅供参考，在实际项目使用时，还要定制化。

表 3-3　室内分布系统建设的 WBS 举例

层任务分解	层子任务分解
1. 项目管理	1.1 项目组织计划
	1.2 过程关键点控制和跟踪
2. 项目启动	2.1 收集项目信息
	2.2 明确项目目标
	2.3 争取项目资源
	2.4 制定项目进度计划
	2.5 召开项目启动会
3. 站点获取	站点获取
4. 室内勘测	4.1 楼宇结构勘测
	4.2 已有室分系统勘测
	4.3 周边无线环境勘测
5. 工程设计	5.1 射频器件选用
	5.2 天线安装位置设计
	5.3 走线方式设计
	5.4 合路方式设计
6. 参数设计	6.1 邻区参数设计
	6.2 PCI 设计
	6.3 切换参数设计
	6.4 无线参数设计
7. 施工建设	7.1 物料清单核实
	7.2 信源安装配置检查
	7.3 室分系统改造或新建
	7.4 天线安装
	7.5 系统调测
8. 测试评估	8.1 射频器件核查
	8.2 安装工艺检查
	8.3 参数配置检查
	8.4 驻波比测试
	8.5 压力测试
	8.6 覆盖测试
	8.7 干扰测试
	8.8 链路平衡测试
	8.9 外泄测试
	8.10 切换测试
	8.11 VoLTE 语音业务质量测试
	8.12 数据业务质量测试

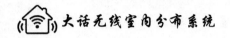

(续)

层任务分解	层子任务分解
9. 优化调整	9.1 硬件故障调整
	9.2 覆盖效果调优
	9.3 干扰控制
	9.4 切换问题解决
	9.5 业务质量调优
10. 项目验收	10.1 室分系统验收
	10.2 过程文档归档

WBS 可以作为同一个厂家内部不同成员的责任分配矩阵制定的参考，也可以作为运营商、设备厂商、设计院、室分厂家之间分工界面制定的基础。室内分布系统的建设涉及多个角色，对于 WBS 中的某个子任务，经过充分的协商和沟通，可以确认由谁作为责任者，谁作为配合者。也就是说，WBS 是室分系统建设项目合理分工、有效协作的重要工具。

3.5 室分系统项目管理小结

项目管理是一门实践性很强的学问，涉及九大管理领域，体系庞杂、内容丰富。本章只介绍了项目管理知识在室分系统建设中的关键应用，还有很多内容如人力资源管理、沟通管理、风险管理、采购管理等没有涉及，但并不是说，这些内容不重要，有兴趣的读者可以查看项目管理的相关文献。

室内分布系统建设项目从项目启动开始到项目验收结束，中间有很多核心过程，包括规划设计、建设施工、测试评估、优化调整。

整个过程中，需要重点关注的是室分项目管理的四要素：范围、时间、成本、质量。这些要素相互制约、相互影响。

WBS 是项目管理的重要工具，是不同角色分工协作的参考依据。

在室分系统建设的过程中，没有项目管理流程和规范是不行的。但是流程和规范并不是一成不变的，在保证一定时期稳定的情况下，要根据变化了的需求和技术条件对流程和规范进行优化。流程和规范也不是万能的，项目组成员的职业素养和技术能力也是项目成功必不可少的条件。

第二篇　室内分布设计建设篇

第 **4** 章

摸摸底、省份心——室内覆盖勘测

在某室分厂家工作的同学说："他的方案设计的精华都是在勘测现场想出来的。最看不惯那些闭门造车的人。为了方案的可行性，再苦再累都得做啊。摸摸底，省份心嘛！""那你肯定在勘测方面很有经验吧！"同事问。

"我啥站点没见过！室内分布站点在室内，进站是个问题。勘察难度主要取决于业主和运营商的关系。关系好的楼宇，一见到我们的勘察小分队就笑脸相迎，有的还端茶送水，热心到把建筑物的平面图纸送过来；关系不好的，直接给我们个下马威：你们这两年欠的电费什么时候还清？你们不是很有钱的嘛！我们其实和运营商除了甲方乙方的关系外啥都不是，但由于是打着他们的幌子，只好说：'我们回去一定给催催，这次先让我们看看站点（见图4-1）。'"

图 4-1　室内覆盖勘测碰到的问题

室内覆盖勘测工作的主要目的是给规划设计提供现实的依据，也可以为施工建设提供必要的参考。

那么勘测哪些东西呢？两个方面：一是施工条件勘测；二是无线环境勘测。

施工条件勘测主要是摸清目标覆盖楼宇的建筑结构，以指导信源、射频器件、天线、馈线的安装布放；无线环境勘测主要是为了摸清室内室外已有电磁信号的情况，对可能影响覆盖性能、容量特性、信号质量的各种因素进行调查，从而为规划设计提供第一手材料。

4.1 凡事预则立——室内勘测准备工作

俗话说："凡事预则立，不预则废。"室内覆盖勘测工作也是如此。如果你不想劳而无功，或者劳而无用，就需要认真地做好勘测前的准备工作，避免丢三落四，窝工废料。

室内覆盖勘测前要进行三项准备工作：确定目标楼宇；获得进站许可；研究建筑图纸。

首先要和客户共同确定目标楼宇的场景覆盖要求，如目标楼宇是属于居民小区，还是办公大楼？是属于大型场馆，还是低矮别墅？这些场景的覆盖一般有什么难度，应该重点注意什么？覆盖范围、覆盖质量有什么样的要求？

然后要和目标楼宇的物业管理部门或业主协调站点，获取进站勘测许可、获得信源安装许可、获得分布系统走线许可、获得可能的天线安装位置许可。

最好能够从客户或业主那里获取目标楼宇的平面图或楼宇建筑结构图。如果实在无法获取，就需要勘测人员自己准备绘制平面图，同时准备用照相机拍摄建筑物结构图、走线图。在现场勘测之前，尽可能仔细地研究目标楼宇的图纸，初步弄清楚可能的设备安装位置和走线路径。

勘测工具可以分为两大类：施工条件勘测工具和无线环境勘测工具。

施工条件勘测需要纸和笔进行记录，最好提前设计一个勘测记录表，以防遗漏；还需要一台数码相机，可以对目标楼宇的整体结构、可能的设备安装位置、走线位置进行拍摄；为了测量楼高、楼宇覆盖面积、走线长度，需要带上卷尺或测距仪；为了明确目标楼宇的准确位置，带上 GPS 定位仪；如果获取了目标楼宇的平面设计图或者是立体设计图，也要带上，这可以方便很多。如果要自己绘制楼宇结构图纸，带上指南针来定位方向。

无线环境测试工具主要是指室内无线环境的模拟测试工具，包括模拟测试用的吸顶天线、便携电脑、模拟信号源、测试手机、接收机和扫频仪。注意要在电脑上安装好测试软件，包括室内已有的（可能是 GSM、WCDMA 或 TD-SCDMA、WLAN）和拟建无线制式（如 LTE、5G）的测试软件。

在室内勘测出发之前，请按照表 4-1 检查一下是否携带了所需的工具。

表 4-1　室内勘测工具检查表

	工　具	作　用	是否携带
施工条件 勘测工具	勘测记录表和笔	记录勘测内容	
	数码相机	对楼宇的整体结构、安装位置进行拍摄	
	卷尺、测距仪	测试楼宇的高度、覆盖面积	
	GPS 定位仪	楼宇位置的定位	
	目标楼宇平面设计图	指导勘测	
	指南针	确定方向	
无线环境 勘测工具	吸顶天线	模拟测试天线	
	安装测试软件的便携电脑	模拟测试和数据存储	
	模拟信号源、连接线	发射特定制式的无线信号	
	测试手机、接收机	接收特定制式的无线信号	
	扫频仪	发现可能的干扰电磁波	

4.2 装在哪，怎么装——室内施工条件勘测

室内施工条件勘测是为了指导备货、工程施工、安装调测等各项工作。在室内覆盖的建设施工阶段，需要知道，这是个什么样的场景？目标覆盖区域是什么样子的？是否有其他制式的室分系统？适合用什么样的信源设备？适合用什么样的天线？如何走线？走线长度有多少？在什么地方安装？如何安装？这些问题的回答不能拍脑袋，凭空想象，答案必须从现场中找。

4.2.1 建筑物施工环境勘测

对照建筑物的平面结构图，如图 4-2 所示，结合现场勘测，描述清楚对设计、施工影响较大的室内覆盖特点，包括建筑物的作用、地理位置、楼宇高度、层数、覆盖面积等。

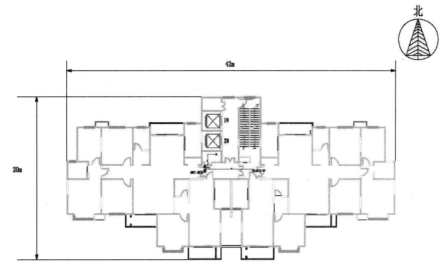

图 4-2 建筑物平面结构图

如果建筑物内部分为不同的功能区，需要分功能区进行描述：这些场景大约有多少用户，习惯使用什么样的业务。

如果是多个楼宇组成的建筑群，如图 4-3 所示，需要描述清楚各个楼宇之间的相对位置、距离。

这些楼宇周边有哪些室外宏站，什么位置？距离是多少？中间有无阻挡，周边有无强磁、强电、强腐蚀的物体，可能对目标覆盖场景有什么样的影响，传输资源、供电条件是否具备？表 4-2 是一份建筑物施工环境勘测列表，供室分项目工程勘测人员使用。

表 4-2 建筑物施工环境勘测列表

序号	勘测内容	信息记录
1	拍摄大楼全景照片，获取目标楼宇平面图纸	□平面图纸　□楼宇照片　□建筑物结构描述
2	保持图纸和现场结构一致（注意消防图是否和实际一致）	□一致　□不一致　解决办法_____

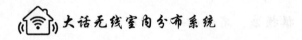
（续）

序号	勘测内容	信息记录
3	全覆盖楼宇规模	建筑面积：　　　　层数：
4	获取室分站点周边宏站信息，注意周边环境，分析可能的室内外影响，包括室外信号对室内的影响，及室内信号的外泄	□周围宏站信息　□室外对室内的影响　□室内信号的外泄
5	确认墙体材料，估算空间损耗	墙体材料_____ 空间损耗_____
6	确认传输资源和电源	□传输可用，已到位　□无传输资源　□交流电源可用　□交流电源不可用
7	确认进场施工时间	可进场时间：□随时　其他_____
8	确认是否存在强磁、强电或者强腐蚀的环境	□存在　□不存在

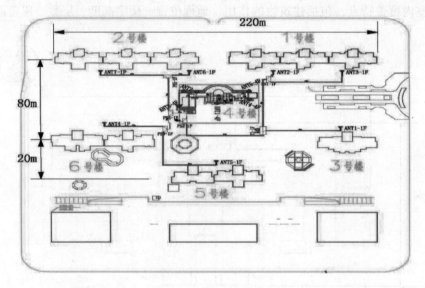

图 4-3　建筑群平面图

4.2.2　施工条件勘测

在建筑物的内部，应该勘测的是机房条件、走线路由及天线挂点（见图 4-4）。

机房条件包括机房所在的楼层、机房的供电条件、机房的温度及湿度条件、大楼的防雷接地情况。

选择什么样的机房，取决于物业协调的情况、运营商的要求以及现场勘测的实际情况。比较重要的楼宇可以选用专用机房，但机房租用成本较大；一般的室分信源常安装在电梯机房、弱电井，成本相对专用机房来说低一些，但由于电梯机房、弱电井的其他设备较多，有时安装不方便；小型信源设备无需专用机房，可以选择在地下停车场或者楼梯间进行安装。

室内覆盖走线可选择停车场、弱电井、电梯井道、顶棚内走线；对于居民小区的走线路由，可选择小区内自有的走线井作为走线路由的首选，尽可能避免与多个其他单位沟通走线

图 4-4　施工条件勘测

路由的问题。

走线路由勘测确定的内容还包括弱电井的位置和数量、电梯间的位置和数量，顶棚内能否走线等。勘测弱电井要注意，是否有走线的空余空间，这些走线是否受到其他走线的影响；勘测电梯间要记录电梯间缆线进出口位置及电梯停靠区间。在做 WLAN 工程勘测时，如果 AP 是通过交换机的网线供电的，则应该保证交换机和 AP 之间的网线长度在 100 m 以内。

工程可实施性勘测是走线路由的第一原则，不能闭门造车，也不能按图索骥。在可实施的情况下，尽可能选择最短馈线路由。

天线挂点的勘测比较重要，往往有这样的情况：理想的位置不能挂天线，可挂天线的位置不理想。一般，在顶棚上挂的是全向吸顶天线；在室内墙壁上挂的是定向板状天线；在室外楼宇天面上挂的是射灯天线；在室外地面上装的是美化天线。无论确定在什么地方安装天线，都要保证目标区域的有效覆盖。但是有些室内场景可实施的天线挂点非常难找，这里面有业主准入的问题，也有覆盖效果差的问题。

天线挂点的选择要遵循以下几点：

1）根据楼宇场景的不同，确定不同的天线挂点密度，比如空旷环境下，间隔 15~20 m 布放一个天线；玻璃隔挡场景，间隔 10~15 m 布放一个天线；砖墙阻隔场景，间隔 8~11 m 布放一个天线；混凝土墙阻隔的场景，需要间隔 4~8 m 布放一个天线。

2）尽量选择空旷区域，避开室内墙体阻挡。

3）在住宅楼宇里，天线尽量设置在室内走道等公共区域，避免工程协调困难。

4）在楼宇的窗口边缘，选用定向天线，避免室内信号外泄。

5）内部结构复杂的室内场景，选用小功率天线多点覆盖的方式，避免阴影衰落和穿墙损耗的影响。

6）需要室内外配合进行无线覆盖的楼宇，要确定室外地面、楼宇天面、楼宇墙壁是否有适合布放天线的位置。

在勘测天线挂点时，准备好建筑物的结构图纸。在适合做天线挂点的相应位置上做上标记。图4-5所示为某大型超市天线挂点勘测图，天线间隔15~30 m。

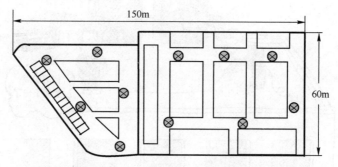

图4-5 某大型超市天线挂点勘测图

图4-6所示为某大型酒店天线挂点勘测图，天线间距为6~15 m。

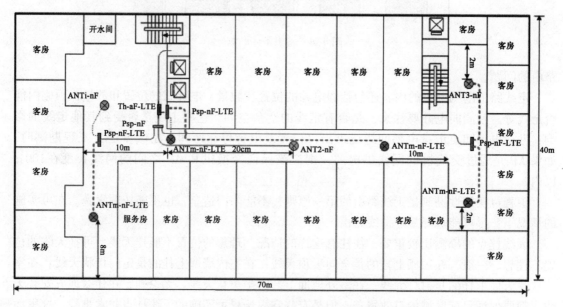

图4-6 某大型酒店天线挂点勘测图

电梯的穿透损耗较大，一般为20~30 dB，一般电梯里要选用高增益定向天线，不用全向天线。

电梯天线挂点有三种方式：天线主瓣方向朝向电梯井道，如图4-7a所示，这种方式波束可以直接克服电梯轿厢损耗，覆盖较多楼层，GSM一般可覆盖8~10层，WCDMA和TD-SCDMA一般可覆盖5~7层，LTE也可以覆盖4~6层，工作在超高频段的5G，可以覆盖2~4层；天线主瓣方向朝向电梯厅，如图4-7b所示，这种方式由于定向天线波瓣宽度问题，覆盖范围有限，GSM一般可覆盖5~8层，WCDMA和TD-SCDMA一般可覆盖3~5层，LTE可以覆盖2~4层，工作在超高频段的5G，可以覆盖1~2层；电梯厅布放天线，如图4-7c所示，这种方式天线需要克服两层门的损耗及钢筋混凝土的墙体损耗，损耗较大，覆盖范围有限，在3层以内，一般只在低矮楼层使用，不建议在高层楼宇的电梯覆盖中使用。

室内施工条件勘测的参考检查内容见表4-3。

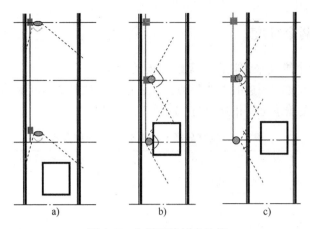

图 4-7　电梯天线挂点选择

表 4-3　施工条件勘测列表

序号	勘测内容		信息记录
1	机房条件	机房类型	□专用机房　□电梯井　□弱点井　□地下停车场　□楼梯间 □墙壁挂装　□平台放装　其他_____
2		机房所在的楼层	_____
3		机房的供电条件	□具备　□欠缺
4		机房的温度	_____
5		湿度条件	_____
6		大楼的防雷接地	□防雷　□接地
7	走线条件	弱电井	位置_____　数量_____　是否有空余_____ 空间_____　特殊考虑_____
8		电梯间	位置_____　数量_____　是否有空余_____ 空间_____　特殊考虑_____
9		天花板	能否走线_____ 特殊考虑_____
10		WLAN AP 和交换机的网线	长度_____　特殊考虑_____
		5G 小站之间走线	长度_____　特殊考虑_____
11	天线挂点	适合布放天线的位置	□室外地面　□楼宇天面　□楼宇墙壁　□室内顶棚　□室内墙壁
12		天线建议选型	□全向吸顶天线　□板状天线　□射灯天线　□美化天线　□5G信源内置天线　□其他_____
13		天线挂点位置图	□完成　□没有
14		电梯天线挂点	□天线朝向电梯井道　□天线朝向电梯厅 □电梯厅布放天线

4.3　影响谁，谁影响——无线环境勘测

在设计和建设室内分布系统之前，要了解已有的无线环境状况。重点要看已有的无线环境对新建的室内分布系统有何影响，新建的室内分布系统对周边的无线环境有什么样的影响，即"影响谁，谁影响"的问题。

4.3.1 室外室内两个维度

从室外、室内两个维度来评估已有无线环境的影响。

从室外看，要获取楼宇周边的无线环境情况，楼宇周边站点及工程参数信息，见表4-4，分析这些站点和室分覆盖系统的相互影响，需要进行必要的测试。

表4-4 某室分场景周边 LTE 站点信息表

站点名	Cell ID	经度/°	纬度/°	方向角/°	电下倾/°	机械下倾/°	站高/m	RS 发射功率/dBm	频点
Site 1	60924	112.44099	34.71927	330	6	4	58	12	38250
Site 1	60925	112.44099	34.71927	100	6	4	58	12	38250
Site 1	60926	112.44099	34.71927	220	6	8	58	12	38250
Site 2	57744	112.44452	34.72181	340	6	7	42	10	38250
Site 2	57745	112.44452	34.72181	100	6	8	42	10	38250
Site 2	57746	112.44452	34.72181	170	6	6	42	10	38250
Site 3	3454	112.43633	34.72209	350	6	2	32	10	38250
Site 3	3455	112.43633	34.72209	150	6	6	32	10	38250
Site 3	3456	112.43633	34.72209	250	6	5	32	10	38250

从室内看，要注意勘测已有分布系统的情况，不管是其他运营商的已有系统，还是本运营商的其他制式系统。如果存在其他运营商的系统，为了尽可能节约成本，要确定是否有共建共享的可能性；如果存在本运营商其他制式的分布系统，要确定已有的分布系统是否能够直接利旧（见图4-8），还是由于部分射频器件不支持较高频段，需要进行必要的宽带化改造。表4-5是室内分布系统无线环境勘测的参考检查内容。

图 4-8 勘测已有分布系统的情况

表 4-5　室内分布系统无线环境勘测列表

序号	勘 测 内 容	信 息 记 录
1	确认是热点覆盖还是建筑全覆盖（对于 WLAN、5G，这一点很重要）	□热点覆盖　□全覆盖
2	全覆盖楼宇是否已建设室分系统	□是　□否
3	已有室分系统是本运营商的还是其他运营商的	□本运营商　□其他运营商
4	没有建设室分系统的是否要求新建室分系统	□是　□否
5	已建室分系统楼宇 DAS 系统频率范围是否支持 WLAN、LTE、5G	□是　□否
6	是否有室分系统设计图纸？若没有，是否需要重新绘制	□是　□否
7	对不满足频率范围的室分系统，客户是否同意改造	□是　□否
8	检查分布天线位置是否能够满足 WLAN、LTE、5G 的覆盖要求	□是　□否
9	对合路系统，确定新接入系统的合路位置（LTE、5G 信源和 WLAN 的 AP 信源建议采用靠近天线端合路的方式），在设计方案中明确表示，提供合路位置照片	提供合路位置照片
10	检查合路位置是否具备安装条件（电源、网络资源）	□是　□否

　　实现重要楼宇深度的室内无线覆盖，建设室内分布系统是多数无线制式的首要选择。但对于 WLAN 或者 5G 的小型站点来说，除了选择室内分布系统覆盖，还可以选择室内放装型的小站进行直接覆盖。这就需要勘测人员确定室内放装型小站的放装位置。图 4-9 所示为室内放装型 WLAN AP 位置图。

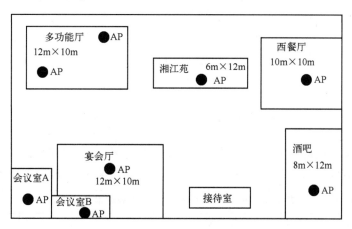

图 4-9　室内放装型 WLAN AP 位置图

　　进行室内放装型小站布放时，需要参考表 4-6 所列的勘测内容。

表 4-6　室内放装型小站布放的勘测列表

序号	勘 测 内 容	信 息 记 录
1	确认是全覆盖还是局部覆盖，是否需要特别进行覆盖的区域	□全覆盖　□局部覆盖　□存在需要特别进行覆盖区域
2	各小站安装位置是否经过客户或业主同意	□是　□否

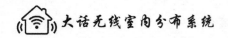

（续）

序号	勘 测 内 容	信 息 记 录
3	确保各小站放装位置具备安装、开通条件	□是　□否
4	了解目标覆盖区域的覆盖面积，从覆盖的角度估计小站的数目	每层面积数： 每层小站数：
5	了解各楼层用途及估计各楼层用户数，从容量的角度估算 AP 的数目	每层用户数： 每层 AP 数；
6	确认天线的安装方式	□外置于 AP　□内置于 AP
7	放装型 AP 的放装位置图	□完成放装位置图　□未完成放装位置图

4.3.2　电磁勘测内容

在室外驱车沿着一定的路径进行测试，称为路测（Driving Test，DT）；而在室内，只能使用手推车沿着室内的路线进行测试，称为步测（Walking Test，WT）。

通过在室内不同楼层对室内外相关无线信号的测试，来勘测室内外无线覆盖的相互影响，如图 4-10 所示。

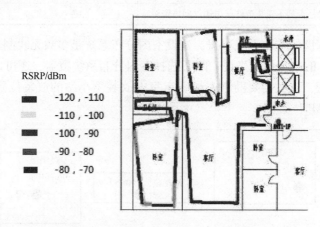

图 4-10　室内 LTE 信号 RSRP 步测图

在室内环境中，提前选定测试楼层、制定步测轨迹图，进行扫频测试。在室内分布的规划设计文件中，需要给出步测结果的分析图表，分别如图 4-11、表 4-7 所示。

表 4-7　室内 LTE 信号 RSRP 步测结果分析表

区间/dBm	样 本 数	比 例	累 积 数
(−120，−110)	0	0.0%	0.0%
(−110，−100)	395	41.4%	41.4%
(−100，−90)	557	58.3%	99.7%
(−90，−80)	3	0.3%	100.0%
(−80，−70)	0	0.0%	100.0%

进行无线环境测试时需要注意：

1）不一定每层必测（楼体结构相同的楼层每隔 4~6 层测一层）。

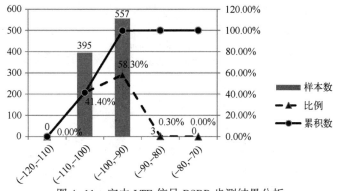

图 4-11 室内 LTE 信号 RSRP 步测结果分析

2）非标准楼层每层必测（建筑结构不同的楼层每层必测）。

3）确定无信号的区域可不必扫频测试（如电梯、停车场等）。

2G、3G、LTE 电磁环境勘测记录的内容如下：

1）覆盖水平：明确室外基站进入室内的信号强度、数量，盲区范围；BCCH 的接收电平值（GSM）、PCCPCH 的接收电平值（TD-SCDMA）或 CPICH 的接收电平值（WCDMA）、RSRP 大小（LTE）。

2）干扰水平：是否存在系统内、外电磁干扰，区域范围；Ec/Io、BLER（WCDMA）、C/I（TD-SCDMA 和 GSM）、SINR（LTE）。

3）切换情况：乒乓效应区域、相邻小区载频号、电平值。

4）参数：Cell ID、LAC、BSIC（GSM），是否开跳频及跳频方式（GSM），扰码 SC 值（TD-SCDMA、WCDMA），PCI、TA（LTE）。

5）KPI 指标：统计接通率、掉话率、切换成功率、MOS 值、数据业务吞吐率等。

对于 WLAN 的室内覆盖设计，勘察时要重点测试是否存在蓝牙设备、微波炉、无绳电话和无线摄像头等使用 2400 MHz 公用频段的设备对 WLAN 的干扰。

4.4 效果如何——室内模拟测试

室内模拟测试是在初步完成天线挂点的设计方案后，没有施工建设之前，进行的设计效果模拟测试，目的是模拟出按照某一设计方案进行建设开通后的覆盖效果。在模拟测试之前，需要准备：定向吸顶天线、宽频射灯天线（LTE、WLAN）、安装好步测软件的笔记本电脑、测试手机、信号源发生器（见图 4-12）。

室内模拟测试遵循下面步骤。

（1）连接、模拟测试系统

信号源输出口分别连接到室内不同挂点的天线端口。

（2）调节信号源发生器频点

信号源发生器的频点要调节到所设计系统的工作频点处（和 GSM、WCDMA、TD-SCD-MA、LTE 等系统相对应的工作频点）。

（3）调整输出功率

天线口总的输出功率调整为 5~15 dBm，尽量与设计方案保持一致。

图 4-12　室内模拟测试

（4）锁定频点，进行测试

室内模拟测试系统正常运行后，锁定所要测试的频点，按照拟定好的路线进行 WT（步测）测试，从而得出房间各个角落的覆盖效果图。如果发现有明显弱覆盖的地方，要确定是否有必要重新完善方案。

在进行室内模拟测试时，应该注意两个"典型"，即在"典型"楼层的"典型"位置进行测试。

所谓典型楼层，是指最高层或者最底层，及建筑结构和其他楼层不一样的非标准楼层。

所谓典型位置，是指每层中的走廊、门后、窗口、电梯口、室内边缘等可能产生弱覆盖的典型位置，如图 4-13 所示。

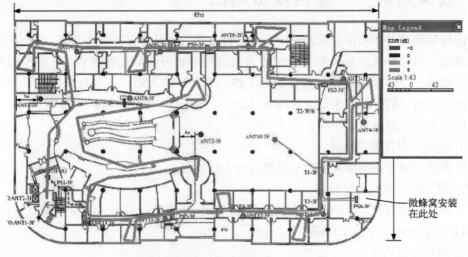

图 4-13　室内 LTE 模拟测试 SINR 图

第 5 章

格局决定结局——室内分布系统规划设计

　　小李的女朋友赵菲给他打电话。第一次拨小李的手机，回放"您拨的电话忙"；再次打过去，这次对方手机报的是："您拨的电话不在服务区。"小李无论如何也解释不清楚今天电话为什么先是忙，后却不在服务区了（小李所在的写字楼室内覆盖设计有问题），如图5-1所示。

图 5-1　室内分布设计问题

　　看到大家都使用无线网卡上网，小李觉得自己也有必要享受一下无线上网的乐趣。办公室的其他同事也动了心，大家一起去买了上网卡。结果再一用，上网速度极慢，有时候还无法刷新网页（室内分布容量设计问题）。

　　室内分布系统的主要目的是补盲补热：使目标区域的无线信号必要且足够，满足覆盖电平要求；使系统的无线资源利用率不高不低，正好能够满足室内话务的需求。

　　室内分布系统的规划设计首先是覆盖方面的设计：根据勘测设计的结果确定天线安装的位置；根据室内无线环境的情况和覆盖需求的目标确定天线的密度，天线口的功率和基站RS参考信号（LTE）的功率或导频信道（WCDMA/TD-SCDMA）的功率。

再次，是容量方面的设计：室内话务需求具有迁移性、浪涌性等特点，用户行为复杂，业务模型多样，如何在提高系统资源利用率的情况下，保证不同用户、不同业务的话务需求？如何灵活地进行小区的合并和分裂，使之适应楼宇话务的迁移？如何配置信道，最大程度地提高小区的平均吞吐率，满足最终用户的需求？

建设室内分布系统不希望对室外造成影响，同时也不希望室外信号对室内用户造成干扰，即室内外协同工作的同时不能互相干扰。

有些无线制式不支持同频组网，需要进行频率规划；还有的无线制式，如 TD-SCDMA，扰码长度短，可用扰码少，容易造成码字干扰，需要进行扰码规划。LTE 小区的 PCI 码共有504 个，分为 168 组，每组 3 个，要避免 PCI 模 3 干扰，就是相邻小区，PCI 码除 3 后余数不能相同，否则干扰很大。

这些工作都是室内分布系统规划设计和干扰控制相关的内容。配置为邻区的小区要避免频率相同、扰码相近，以及 LTE PCI 模三干扰。也就是说，在频率规划、扰码规划或 PCI 规划之前要进行邻区规划。

从室外进入室内，从门厅进入电梯，从座位区走向窗口，移动终端都有可能变换自己的服务小区，这就涉及切换设计的问题；室内分布系统一般支持多种制式，不同制式之间也有切换需求，如 LTE 覆盖薄弱的地方，正好 GSM 的信号比较好，这就要求终端能够顺利地切换到 GSM 制式上，这就涉及跨系统切换的问题。不管是系统内切换，还是系统间切换，都涉及邻区配置的问题。

规划设计就是确定室内分布系统的大格局，决定室内信号质量的档次；后面优化调整只能在规划所确定的档次上在一定范围内提升系统性能。所谓"格局"决定"结局"，其言不虚，规划设计的重要性无需赘述。

下面依次介绍室内分布系统规划设计的相关内容。

5.1　有的放矢——室分系统规划设计目标

做任何事情，都应该有的放矢，才能事半功倍。明确的设计目标，是进行室内分布系统规划的前提。任何无线制式的室内分布系统在大的设计方向上都是保证覆盖水平、满足容量需求、抑制干扰信号、提高业务质量（见图 5-2）。具体在某一种无线制式上，有些指标的具体数值又有些差别。

现在以 LTE、TD-SCDMA 和 WCDMA 室内分布系统设计指标为例，分覆盖、干扰、容量、质量几个方面介绍一下常用设计目标要求。

5.1.1　覆盖水平要求

无线信号强度随时随地变化，覆盖水平的一般要求是终端在目标覆盖区内覆盖 95% 的地理位置，99% 的时间可接入网络。但在实际应用时，认为信号变化的统计规律和时间没有关系，一般不对时间上的覆盖概率做要求，只从地理位置覆盖概率的角度来给出要求。

室内分布系统的设计首先要保证室内信号满足业务接入和保持的最小覆盖电平要求，还要保证室内小区在目标区域成为主服务小区。

在一些封闭区域，信号比较干净，室内小区很容易成为主服务小区，信号只要大于业务

图 5-2　室内分布设计目标

的最小覆盖电平要求就可以了。而在一些住宅高层，容易收到来自四面八方的信号，主服务小区难以控制，这样就要求室内小区的信号强度大一些。

室内分布系统信号边缘覆盖电平，LTE 使用的是参考信号 RS 的接收电平，RSRP（Reference Signal Receiving Power，参考信号接收功率）；TD-SCDMA 使用 PCCPCH（Primary Common Control Physical Channel，主公共控制物理信道）的电平、RSCP（Received Signal Code Power，接收信号码功率）；WCDMA 使用 CPICH（Common Pilot Channel，公共导频信道）的电平 RSRP。可以参考下面数值（实际应用时要和客户确认）。

（1）地下室、电梯等封闭场景

LTE：90% 覆盖区域的 RSRP ≥ -110 dBm。

TD-SCDMA：90% 覆盖区域的 PCCPCH RSCP ≥ -90 dBm。

WCDMA：90% 覆盖区域的 CPICH RSCP ≥ -90 dBm；

（2）楼宇低层

LTE：95% 覆盖区域的 RSRP ≥ -105 dBm。

TD-SCDMA：要求 90% 覆盖区域的 PCCPCH RSCP ≥ -85 dBm。

WCDMA：要求 90% 覆盖区域的 CPICH RSCP ≥ -85 dBm。

（3）楼宇高层

LTE：90% 覆盖区域的 RSRP ≥ -105 dBm。

TD-SCDMA：要求 85% 覆盖区域的 PCCPCH RSCP ≥ -85 dBm。

WCDMA：要求 85% 覆盖区域的 CPICH RSCP ≥ -85 dBm。

5.1.2　干扰控制要求

室内分布系统的建设不应该影响到室外信号，室外信号也不应该干扰室内分布系统的信号，这就涉及室内外泄漏的控制。

在室外 10 m 处，应满足室内小区的信号 LTE RSRP ≤ -110 dBm，TD-SCDMA PCCPCH RSCP ≤ -95 dBm，WCDMA CPICH RSCP ≤ -95 dBm。或者说，室外 10 m 处，室内 LTE 小区外泄的 RSRP 比室外主小区 RSRP 低 10 dB，室内 TD 小区外泄到室外信号的 PCCPCH RSCP 比信号最强的室外小区小 10 dB。

同样在室内小区覆盖区域，室外小区的信号应满足，LTE RSRP ≤ -110 dBm，TDS PC-CPCH RSCP ≤ -95 dBm，WCDMA CPICH RSCP ≤ -95 dBm，或者室内小区信号要比室外小区泄漏进来的信号大 10 dB。

其他无线制式也会有类似的要求。

室内外信号的泄漏在信号质量上的表现就是载干比的下降。一般要求在较为封闭的室内场景，LTE SINR ≥ -3 dB，TD-SCDMA PCCPCH C/I ≥ -3 dB，WCDMA CPICH E_c/I_o ≥ -12 dB；在一般楼宇，要求 LTE SINR ≥ 0 dB TD-SCDMA PCCPCH C/I ≥ 0 dB，WCDMA CPICH E_c/I_o ≥ -12 dB。

5.1.3 容量要求

室内分布系统的容量是指语音类业务支持的忙时话务量，数据业务支持的忙时吞吐量。在 LTE 里，语音类业务就是指 VoLTE 的语音。在 TD-SCDMA 和 WCDMA 中，数据类业务就是指 HSDPA。室分系统数据业务的容量也可以用支持的边缘吞吐率来表示。在不同室内环境下，服务的用户数不同，总的容量需求也不同。

但是，容量要求一般要给出单用户忙时的语音业务话务量，单用户忙时数据业务吞吐量，数据业务小区边缘吞吐率。

一个室分小区支持的最大用户数可以由下式给出：

最大用户数(单小区) = 平均小区吞吐量/单用户忙时吞吐量×激活用户比例

这个要求 TD-SCDMA 和 WCDMA 制式没有多大差别。下面给出参考数值，而不是绝对要求，具体问题具体分析：

单用户忙时的 CS 业务等效语音话务量：0.02Erl。

单用户忙时的 PS 业务总吞吐量：下行，500 kbit；上行，150 kbit。

HSDPA 边缘吞吐率：300~400 kbit/s。

LTE 小区的容量与信道配置、参数配置、调度算法、小区间干扰协调算法、多天线技术选取等都有关。LTE 的容量能力一般也可用小区的峰值速率、平均速率、边缘速率要求来表述。

单路室分：下行峰值速率>45 Mbit/s，下行平均速率>22.5 Mbit/s，下行边缘速率为 1 Mbit/s；上行峰值速率>9 Mbit/s，上行平均速率>6 Mbit/s，上行边缘速率为 500 kbit/s；

双路室分：下行峰值速率>90 Mbit/s，下行平均速率>45 Mbit/s，下行边缘速率为 1 Mbit/s；上行峰值速率>9 Mbit/s，上行平均速率>6 Mbit/s，上行边缘速率为 500 kbit/s。

5.1.4 业务质量要求

业务质量主要体现在业务接入的难度和接入后业务保持的效果。

接入的难度一般用阻塞概率（也叫作呼损率）来表示，阻塞概率是指一个业务发起呼叫，由于系统容量不足、干扰受限而被拒绝的概率。

阻塞概率越大（即可以拒绝很多业务请求），需要的资源就越少；阻塞概率越小（即不允许拒绝太多业务请求），需要的资源就越多。一般情况下，无线信道的阻塞概率取2%。

接入后业务保持的效果，在网络侧一般用误块率的指标（BLER Target）来表示。误块率要求越低，业务的解调门限要求就越高，需要的系统资源就越高；反之，误块率要求越高，业务的解调门限就越低，需要的系统资源就越少。

下面给出不同业务误块率要求的参考值，在实际应用时要具体问题具体分析：

AMR12.2 k、VoLTE AMR（语音业务）：1%。

CS64 k（视频业务）、VoLTE 视频：0.1%～1%。

PS 业务、HSDPA 业务、LTE 数据业务（数据业务）：5%～10%。

5.2 寻找规律——室内无线传播模型

在空间传播的无线电波，像一个活泼顽皮的小男孩，身影无处不在；又像一个感情细腻的小女孩，性情随时变化。无线电波这种随时随地变化的特点可以称之为随机过程。

"随机"是指不可预测性，同一地点的下一时刻的状态不可预测；同一时间的不同地点的状态不可预测。

"不可预测"不等于"不可认识"，随机过程一般都遵循某种统计规律。无线电波电平大小在传播过程中随时随地变化的统计规律是什么呢？

对无线信号在某一区域的瞬时采样值进行统计，可以得出无线电波瞬时值的统计规律服从瑞利分布；对无线信号在一定区域的电平中值进行统计，可发现电平中值的统计规律服从对数正态分布。

覆盖设计首先要满足对无线电波覆盖概率的要求。覆盖概率一般是指在一定空间内，一段时间内的覆盖电平大于某一水平的百分比，如在95%的区域范围内、99%的时间超过最低电平要求。

由于无线电波电平大小的统计规律不随时间的推移而变化，但随无线环境的不同而有所不同。也就是说，研究无线电波电平大小的统计规律无需因时而变，但需因地制宜。

传播模型就是描述无线电波电平大小随地点不同的变化规律。这里的地点不同主要是指离无线电波发射源距离远近的不同。

由于室内无线环境较为封闭，隔墙隔层阻挡严重，室外无线环境中使用的传播模型在室内大多不适用，很有必要介绍一下室内无线环境下的无线电波传播模型。

5.2.1 自由空间传播模型

在浩瀚的太空中，太阳、一个炙热的球体向外辐射着光和热。和无边无际的宇宙相比，太阳只能算一个点，称之为点源。这个点源辐射的能量以球面的形式向外扩张，越往远处，能量分布的球面越大，单位面积上的能量分布越小。等到了地球上，接收到的光和热已经是太阳辐射能量的亿万分之一了。但没关系，这点光和热足以照亮人间、温暖大地，如图5-3所示。

图 5-3　自由空间传播模型

一个理想点源以球面的形式向外发射无线电波，发射功率为 $P_t(W)$，距离点源 $d(m)$ 处单位面积的功率为

$$P_s = \frac{P_t}{4\pi d^2}(W/m^2) \tag{5-1}$$

接收天线的有效接收面积为 S，它的大小和无线电波的波长 λ 有直接的关系，即

$$S = \frac{\lambda^2}{4\pi}(m^2) \tag{5-2}$$

则接收端接收到的功率 P_r 为

$$P_r = P_s S = \frac{P_t}{4\pi d^2} \times \frac{\lambda^2}{4\pi}(W) \tag{5-3}$$

于是自由空间中路损 L 为

$$L = -10\lg\frac{P_r}{P_t} = 20\lg\frac{4\pi d}{\lambda}(dB) \tag{5-4}$$

经整理，自由空间的传播模型为

$$L = 32.45 + 20\lg d + 20\lg f \tag{5-5}$$

式中，L 的单位为 dB；d 的单位为 km；f 的单位为 MHz。

若给定无线制式的频率，则自由空间中的传播损耗就只和距离 d 有关系了。当然，距离 d 用不同的单位表示，式（5-5）的数值关系会有所不同，如下：

当 $f = 900\,MHz$ 时，有

$L = 31.55 + 20\lg d$ （d 的单位为 m）

$L = 91.55 + 20\lg d$ （d 的单位为 km）

当 $f = 1800\,MHz$ 时，有

$L=37.55+20\lg d$（d 的单位为 m）

$L=97.55+20\lg d$（d 的单位为 km）

当 $f=2000\,\text{MHz}$ 时，有

$L=38.45+20\lg d$（d 的单位为 m）

$L=98.45+20\lg d$（d 的单位为 km）

当 $f=2400\,\text{MHz}$ 时，有

$L=40.05+20\lg d$（d 的单位为 m）

$L=100.05+20\lg d$（d 的单位为 km）

5G 时代，无线电波将采用毫米波，使用的频率可以高达 6～30 GHz，当 $f=6000\,\text{MHz}$ 时，有

$L=48.0+20\lg d$（d 的单位为 m）

$L=108.0+20\lg d$（d 的单位为 km）

由上可以得出以下几点：

1）在自由空间中，无线制式的频率增加一倍，路径传播损耗将增加 6 dB。

2）在自由空间中，距离增加一倍，传播损耗增加 6 dB。

3）在自由空间中，在距发射源 1 m 处、10 m 处、100 m 处地方的传播损耗见表 5-1。

表 5-1 自由空间传播损耗参考表

f/MHz	900 MHz	1800 MHz	2000 MHz	2400 MHz	6000 MHz（5G）
1m/dB	31.55	37.55	38.45	40.05	48.01
10m/dB	51.55	57.55	58.45	60.05	68.01
100m/dB	71.55	77.55	78.45	80.05	88.01

现实无线环境的传播模型都是以自由空间传播模型为理论基础发展起来的，下面分别介绍。

5.2.2 Keenan-Motley 室内传播模型

影响室内环境传播损耗的主要因素是建筑物的布局、建筑材料和建筑类型等。与室外环境相比，室内无线环境相对封闭，空间有限，无线电波传播规律复杂。适用于室外的 Cost231-Hata 传播模型，不再适用于室内传播环境。

Keenan-Motley 是室内无线环境中比较常用的传播模型，是自由空间传播模型在较为空旷的室内环境（如大型场馆、体育场馆等场景）下的变形，即

$$L=L_0+10n\lg d \tag{5-6}$$

式中，L 为室内环境下距离无线电波发射端 $d(m)$ 处的路损，单位为 dB；L_0 为某一无线制式在距离室内无线电波发射端 1 m 处的路损；n 为环境因子，也叫作衰减系数，一般取值为 2.5～5，见表 5-2。

表 5-2 室内场景环境因子参考值

场 景	一般室内场景	同层	隔层	隔两层
环境因子 n	3.14	2.76	4.19	5.04

在常见的办公大楼、住宅、商场等场景的实际场景中，室内传播模型 Keenan-Motley 公式可以修正为

$$L = L_0 + 10n\lg d + \delta \tag{5-7}$$

式中，δ 为由于不同室内无线环境的特殊性所引起相应的传播损耗误差而增加的修正值，可以看作是慢衰落余量（慢衰落余量由边缘覆盖概率要求和室内环境地物标准差决定）。

在室内环境中，和发射端距离相同的不同地点，无线信号电平大小差别很大，这是由于不同的环境结构和不同的物理特性使得室内无线电波大小随时随地波动，存在一定的地物标准差。有时候，室内人员走动一下，都会引起无线电波的较大变化。地物标准差在不同的室内环境、不同的无线制式中差别较大，要根据实际室内环境确定具体数值，表 5-3 仅供参考。

表 5-3　室内场景地物标准差参考

场　　景	一般场景	同　层	隔　层	隔两层
地物标准差	16.3	12.9	5.1	6.5

5.2.3　ITU-R P.1238 模型

ITU-R P.1238 推荐的室内传播模型分为视距（LOS）和非视距（nLOS）两种情况。

在室内视距传播条件下，有

$$L_{LOS} = 20\lg f + 20\lg d - 28 + \delta \tag{5-8}$$

在室内非视距的情况下，有

$$L_{nLOS} = 20\lg f + 10n\lg d + L_{f(n)} - 28 + \delta \tag{5-9}$$

式中，n 为环境因子，取值可参考表 5-2；f 为频率，单位是 MHz；d 为移动台与发射机之间的距离，单位是 m，$d>1\,m$；$L_{f(n)}$ 为穿透损耗系数，取值见表 5-4、表 5-5；δ 为慢衰落余量。

表 5-4　楼层穿透损耗取值

适用频率范围	住宅	办公室	商场
1800~2000 MHz	$4n$	$15+4(n-1)$	$6+3(n-1)$

注：n 表示要穿透的楼层，$n \geq 1$。

该模型公式的适用范围如下：

1）频率范围为 1800~2000 MHz。

2）移动台距基站的距离范围 $d>1\,m$。

表 5-5　不同材料的穿透损耗取值

材料类型	损　耗
普通砖混隔墙（<30 cm）	10~15 dB
混凝土墙体	20~30 dB
混凝土楼板	25~30 dB
顶棚管道	1~8 dB
电梯箱体轿顶	30 dB

（续）

材 料 类 型	损　　耗
人体	3 dB
木质家具	3~6 dB
玻璃	0 dB

5.3　算算这本账——室内链路预算

周扒皮成立了一家公司，最头疼的事是给每个月各个部门的员工发工资和奖金了。现在算算这本账。

这个月周扒皮需要发下去 10 万元奖金（信源端口发射功率），委托一个叫小扒皮的副总（功分器）把钱分下去；小扒皮想截留 1 万元作为公司应急准备金（功分器介质损耗），其余 9 万元分给下面 3 个部门（分配损耗）。

各部门领导也要截留 2 千元钱作部门活动费用（介质损耗），然后再分给下面科室。科室再分给每位员工（天线口发射功率）。

小李拿到这个月的奖金后，非常高兴，买了很多吃的、穿的（损耗），拿这个钱买股票挣了一些钱（增益），最后剩下 2000 元，回去交给老婆。老婆一看，怒道："这么少啊（低于接收电平门限）！"

从周扒皮发奖金到小李的老婆接到钱，这个过程分为三大部分，如图 5-4 所示：①奖金分配到个人（类似室内分布系统的功能）；②小李拿到钱，他不是最终的接收者，只是负责传递钱（类似空中接口的作用）；③小李的老婆接收到钱（类似手机的接收功能）。

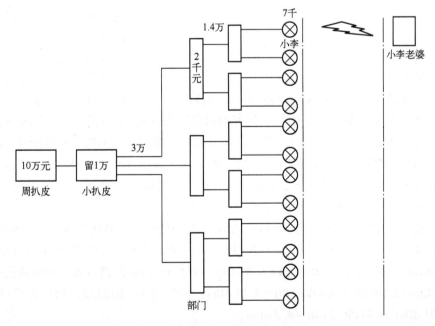

图 5-4　发工资示例

无线电波从发射端发出，要经历各种损耗、增益，也可能经历各种衰落、干扰，一直到接收端被接收。链路预算就是考虑影响无线电波传播过程的各种因素，计算无线电波在一定无线环境中，可能传播的最远距离、最大面积，从而进行覆盖估算。

室内覆盖的链路预算可分为三段，如图5-5所示。

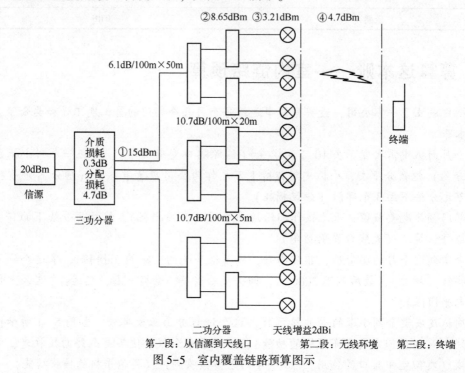

图5-5　室内覆盖链路预算图示

第一段是从信源发射端口到天线口。这一段的损耗包括馈线损耗、功分器和耦合器的分配损耗与介质的物理损耗。室内分布系统存在着多天线进行无线电波功率分配的分配损耗，这一点和室外宏站系统不同，在室外宏站系统中，从信源发射端口到天线口一般主要是馈线损耗。室内分布系统的天线增益比室外宏站系统的天线增益小很多，因为室内环境适合用小功率天线多点覆盖，而室外环境一般使用较大增益天线，进行较大范围的覆盖。

图5-5所示的室内分布系统中，从信源端口到一路天线口，用到一个三功分器（分配损耗：4.7 dB，介质损耗：0.3 dB）、两个二功分器（分配损耗：3 dB，介质损耗：0.3 dB）、一段50 m长的7/8″馈缆（馈缆损耗：6.1 dB/100 m×50 m＝3.05 dB）、一段20 m长的1/2″馈缆（馈缆损耗：10.7 dB/100 m×20 m＝2.14 dB）、一段5 m长的1/2″馈缆（馈缆损耗：10.7 dB/100 m×5 m≈0.54 dB）、天线（增益：2 dBi）。

信源口输出功率为20 dBm，信源到三功分器的馈线很短，损耗忽略不计，经过三功分器的①处，功率为20 dBm－0.3 dB－4.7 dB＝15 dBm；再经过50 m的馈线和二功分器的②处，功率为15 dBm－3.05 dB－0.3 dB－3 dB＝8.65 dBm；再经过20 m的馈线和二功分器的③处，功率为8.65 dBm－2.14 dB－0.3 dB－3 dB＝3.21 dBm；再经过5 m的馈线，到达天线口的④处，功率为3.21 dBm－0.54 dB＋2 dBi≈4.7 dBm。

5G时代，随着小型基站越来越普及，射频拉远单元（RRU）将会越来越靠近天线口安装，那么从信源发射端口到天线口之间的损耗将会越来越少。一些放装型的皮站或者飞站，甚至可以把天线集成在一起，类似一个 WLAN 的放装型 AP，这时，从信源发射端口到天线口之间的损耗可以认为是零。

第二段是室内无线环境。室内无线环境主要的损耗是路损、隔墙隔层穿透损耗，当然还要考虑一定的阴影衰落余量。上一节介绍了室内的传播模型，给出了室内无线环境下，传播损耗和传播路径的数学关系。

第三段是无线电波在终端的接收和发送。这一部分和室外环境的完全一样。这一段主要考虑的是终端的最小接收电平。当然，在室内环境下，有时候不仅要满足终端的最小接收电平，还要满足一定的边缘覆盖电平。通常情况下，边缘覆盖电平要求比终端的最小接收电平大很多。

5.3.1　最大允许路损和最小耦合损耗

手机不能离天线口太远，也不能太近：离得太远、接收不到天线口发出的无线信号，手机无法使用（见图 5-6a）；离得太近，天线口收到的手机信号太强，以至信源底噪迅速抬升，其他手机的信噪比急剧恶化，使其他手机无法使用（见图 5-6b）。

图 5-6　手机离天线口的距离

a）不能太远　b）不能太近

问题的关键是手机不能太远，最远可以是多大？手机不能太近，最近可以是多少？

手机允许的最远距离是由最大允许路损（Maximal Allowed Path Loss，MAPL）决定的。随着手机离天线口越来越远，路损越来越大，信号功率则越来越小，到一定程度，信号功率小于手机的最小接收电平，手机就无法工作了。这一点的路损值就是最大允许路损。最大允许路损是由天线口功率和手机的最小接收电平（或者是边缘覆盖电平）决定的，即

最大允许路损（MAPL）= 天线口功率−手机最小接收电平（边缘覆盖电平）　　（5-10）

式（5-10）中的最大允许路损没有考虑干扰余量、阴影衰落余量。如果考虑的话，则应为

最大允许路损（MAPL）= 天线口功率−手机最小接收电平−各种余量　　（5-11）

例如，某一制式的室分系统中，天线口功率为5 dBm，手机的最小接收电平为−100 dBm，那么：

最大允许路损（MAPL）= 5 dBm−（−100 dBm）= 105 dB

传播模型描述了距离和路损的关系。假若此室内无线环境的传播模型为

$$L_{\max} = 38.4 + 38\lg d_{\max(m)} + 15 = 105$$

于是 $d_{\max(m)} = 23$ m

也就是说，在此室内场景、该无线制式下，手机离天线口的最远距离是23 m，即天线覆盖范围的半径是23 m。

从上面的推导可以得出：最大允许路损越大，天线覆盖的范围越大。

计算最大允许路损应该分上行、下行两个方向，不同信道类型分别进行计算。从计算的结果中，取受限的最大允许路损（几个计算结果中最小的值）作为手机允许最远距离的计算依据。

如果手机离天线越来越近，手机的发射功率在功控的作用下应该逐渐降低。但是降到一定程度，降到了手机的最小发射功率，手机的发射功率不能再低了。于是在此之后，手机虽离天线口更近，但发射功率却不能降低，信源的底噪就开始抬升，对该小区覆盖范围内的其他用户造成干扰。

手机离天线口的最小距离是由最小耦合损耗（Minimal Coupling Loss，MCL）决定的。手机发出的信号到达信源的损耗不能太小，太小的话，会阻塞接收机。手机和信源的最小耦合损耗由手机的最小发射功率和信源的底噪决定。

最小耦合损耗（MCL）= 最小发射功率−信源的底噪　　（5-12）

例如，某一制式的室分系统中，手机的最小发射功率为−48 dBm，基站底噪是−108 dBm，那么：

最小耦合损耗（MCL）= −48 dBm−（−108 dBm）= 60 dB

假若室分系统的损耗为15dB（包括馈线损耗、射频器件介质损耗、功率分配损耗），室内传播模型是 $L = 38.4 + 38\lg d_{\min(m)}$（视距范围内不考虑阴影衰落余量），则有

$$38.4 + 38\lg d_{\min(m)} + 15 = 60$$

于是 $d_{\min(m)} = 1.1$ m

也就是说，在此室内场景、该无线制式下，手机离天线口的最近允许距离是1.1m。

总结：室内天线的有效覆盖范围由最大允许路损和最小耦合损耗确定。在上面所示的例子中，有效覆盖范围在大于1.1 m、小于23 m所示的范围内，如图5-7所示。

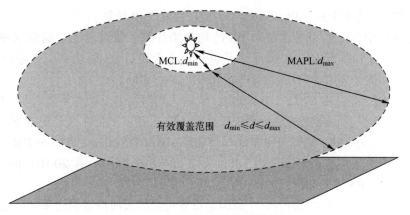

图 5-7　室内覆盖的有效覆盖范围

工程上，一般要满足在从信源端口到距离天线口 1 m 处的地方的损耗大于最小耦合损耗，也就是说一般把 1 m 作为天线的最小覆盖范围。另外一方面，在可视范围内，如商场、超市、停车场、机场的空旷区域，天线的最大覆盖半径一般取 8～25 m；在多层阻挡的场景内，如宾馆、居民楼、娱乐场所等，最大覆盖半径一般取 4～15 m。

5.3.2　天线口功率设计原则

天线口功率是室分系统设计要考虑的关键因素。

不同制式、不同场景对天线口功率的要求是不同的，多制式共天馈的室内分布系统要做到天线口的功率匹配。所谓功率匹配，是指能够使不同制式的单天线覆盖范围尽量一致的天线口发射功率。

天线口功率不能太大，也不能太小。

一方面，天线口功率不能太大。太大的话，超过了国家《电磁辐射防护规定》，对人体的健康造成损害；同时，太大的发射功率有可能阻塞其他系统的天线口，对整个室分系统造成干扰，导致很多有信号但打不通电话或者通话质量糟糕的现象出现。

另外一方面，天线口功率不能太小。太小的话，天线的覆盖范围有限，要想保证室内的覆盖质量，整个室内环境需要更大的天线密度，这就意味着需要更多的天线。这样室内分布系统的物料成本和施工成本会上升。当然，小功率天线多点覆盖除了增加成本的缺点之外，对室内信号均匀覆盖，提高信号质量还是有一定好处的。

天线口输出功率可能有两种含义：一个是天线口的总功率；另外一个就是天线口某一信道的功率。有的系统，天线口总功率和天线口某一信号的功率相同，如 GSM 系统，天线口最大总功率和主 BCCH（Broadcast Control CHannel，BCCH）的最大功率相同；而有的系统，尤其是码分多址系统，存在多个信道共享总功率的问题，所以天线口某个信道的功率仅是总功率的一部分。

在 WCDMA 系统中，CPICH（Common Pilot Channel、公共导频信道）的功率约是总功率的 1/10，即导频信道功率比总功率少 10 dB。

在 TD-SCDMA 系统中，根据信道配置和信道复用程度的不同，PCCPCH（Primary Common Control Physical Channel、主公共控制物理信道）的功率约是总功率的 2/9 或者 2/5，即

PCCPCH 功率比总功率少 6.5 dB 或 4 dB（一般按照 6.5 dB 计算）。

在 LTE 系统中，一般用参考信号 RS 的功率来计算。假设天线口的总功率为 15 dBm，20 MHz 的带宽，有 100 个 RB，1200 个子载波，那么天线口 RS 的功率应该是总功率的千分之一，即比总功率少 30 dB，于是天线口的 RSRP≤-15 dBm。

国家电磁辐射标准 GB 8702-2014 规定，室内天线口发射总功率不能大于 15 dBm。这个要求是个硬性规定，任何制式的室分系统设计都不能违背。于是在这个规定下，WCDMA 系统的天线口导频信道功率不能大于 5 dBm（15 dBm-10 dB=5 dBm）；TD-SCDMA 系统的天线口 PCCPCH 功率不能大于 8.5 dBm（15 dBm-6.5 dB=8.5 dBm）；在 20 MHz 的工作带宽下，LTE 系统的天线口 RSRP 不能大于-15 dBm。

天线口发射功率不能过大的另一个原因是设置过大的天线口发射功率，可能导致信源到接收机的损耗小于最小耦合损耗（MCL），从而阻塞接收机。

例如，WCDMA 系统的信源端导频信道功率为 30 dBm，设天线口导频功率为 P，信源端口到手机的损耗包括两部分：信源端到天线口的损耗为 30 dBm-P；手机离天线口可能的最近距离是 1 m，则手机离天线口 1 m 处的损耗为 38.4 dB（视距范围内的损耗）。

从信源端到天线口的损耗加上从天线口到手机的损耗要大于系统的最小耦合损耗 60 dB，即

$$(30\,dBm-P)+38.4\,dB\geqslant 60\,dB$$

则有

$$P\leqslant 8.4\,dBm$$

假若 LTE 系统的信源端单通道总发射功率为 40 dBm（10 W），那么参考信号 RS 的功率为 10 dBm，设天线口 RS 的功率为 P，则信源端到天线口的损耗为 10 dBm-P；手机离天线口可能的最近距离是 1 m，则手机离天线口 1 m 处的损耗为 38.4 dB（视距范围内的损耗）。

从信源端到天线口的损耗加上从天线口到手机的损耗要大于系统的最小耦合损耗（假设为是 60 dB），即

$$(10\,dBm-P)+38.4\,dB\geqslant 60\,dB$$

则有

$$P\leqslant -11.6\,dBm$$

综上所述，天线口最大发射功率受限于国家电磁辐射标准和系统的最小耦合损耗，二者计算出来的较小值作为最终的天线口最大发射功率参考值。

以 LTE 系统为例，根据前面覆盖指标要求、最小耦合损耗及国家电磁辐射标准，建议 LTE 系统的天线口 RSRP 一般为-15～-20 dBm。

天线口功率计算举例：图 5-8 所示为某大楼 3 层的室内分布原理示意图，假设 A 点所示的位置合路了 1 台 WLAN 的 AP 设备，机顶口功率为 27 dBm（500 mW），射频器件的插入损耗见表 5-6，射频器件之间使用 1/2″馈线连接，损耗为 12 dB/100 m，全向天线的增益为 2 dBi，计算天线 ANT2-3F 和天线 ANT4-3F 的天线口 WLAN 信号的功率。

表 5-6　射频器件插入损耗

射 频 器 件	插入损耗/dB
二功分器	3.3

（续）

射 频 器 件	插入损耗/dB
5 dB 耦合器直通端	1. 9
6 dB 耦合器直通端	1. 6
6 dB 耦合器耦合端	6. 3
7 dB 耦合器	1. 4

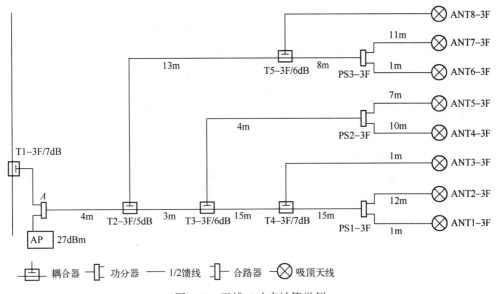

图 5-8　天线口功率计算举例

（1）ANT2-3F 天线口功率的计算

从 AP 到天线 ANT2-3F 的 1/2″馈线长度为

$$4\,m+3\,m+15\,m+15\,m+12\,m=49\,m$$

则 AP 机顶口到 ANT2-3F 天线口的馈线损耗为

$$49\times\frac{12}{100}dB=5.\,88\,dB$$

从 AP 到天线 ANT2-3F 经过了 5 dB、6 dB、7 dB 耦合器的直通端，经过一个二功分器，则射频器件的插入损耗累计为

$$1.\,9\,dB+1.\,6\,dB+1.\,4\,dB+3.\,3\,dB=8.\,2\,dB$$

则 ANT2-3F 的天线口功率为

$$27\,dBm-5.\,88\,dB-8.\,2\,dB+2\,dBi=14.\,92\,dBm$$

（2）ANT4-3F 天线口功率的计算

从 AP 到天线 ANT4-3F 的 1/2″馈线长度为

$$4\,m+3\,m+4\,m+10\,m=21\,m$$

则 AP 机顶口到 ANT4-3F 天线口的馈线损耗为

$$21\times\frac{12}{100}dB=2.\,52\,dB$$

从 AP 到天线 ANT4-3F 经过了 5 dB 耦合器的直通端、6 dB 耦合器的耦合端，经过一个二功分器，则经过射频器件的损耗累计为

$$1.9\,dB+6.3\,dB+3.3\,dB=11.5\,dB$$

则 ANT4-3F 的天线口功率为

$$27\,dBm-2.52\,dB-11.5\,dB+2\,dBi=14.98\,dBm$$

5.3.3 室内天线数目

天线口发射功率和手机的最小接收电平（边缘覆盖电平）决定了最大允许路损（MAPL）；最大允许路损又决定了天线所能覆盖的最大范围；天线所能覆盖的最大范围又决定了室内场景所需的天线数目；天线数目又决定了室分系统的物料成本和施工成本。

假设，某 LTE 手机的参考信号 RS 的最小接收电平为-115 dBm，考虑隔墙覆盖的传播模型为 $L=38.4+38\lg d+15$（d 的单位为 m）。某一写字楼的室内环境为细长型覆盖，长为 400 m，也就是说，单天线的覆盖半径减少一半，这意味着天线数目增多一倍。室分系统从信源端口到天线口的损耗为 15 dB。

当天线口参考信号 RS 的功率为-15 dBm 时，天线口总功率为 15 dBm，则信源端口的总功率需求为 30 dBm（15 dBm+15 dB）。

此时的最大允许路损为

$$-15\,dBm-(-115\,dBm)=100\,dB$$

则有

$$L=38.4+38\lg d+15=100$$

天线的覆盖半径为 16.8 m，覆盖直径为 33.6 m，不考虑重叠区域，该写字楼的一层需要 $400\div33.6=12$ 个天线。

现在天线口 LTE 的参考信号 RS 的功率为-15 dBm，考虑一定的冗余，一个楼层的天线数目假设为 12 个。依次为基准，表 5-7 为天线口 LTE 参考信号 RS 的功率和天线数目的关系。

表 5-7 天线口 LTE 参考信号 RS 的功率和天线数目的关系

天线口参考信号 RS 功率 /dBm	天线口总功率 /dBm	信号源端口总功率需求 /dBm	天线覆盖半径 /m	天线数目 /个
-15	15	30	16.8	12
-18	12	27	14.0	14
-21	9	24	11.7	17
-24	6	21	9.76	20
-27	3	18	8.13	25
-30	0	15	6.78	30

从表 5-7 可以看出，随着天线口 RS 信号功率的减少，带来的是天线数目需求的增加。当天线口 RS 信号功率降低 12 dB 时（如从-15 dBm 降低到-27 dBm），天线需求数目约增加一倍（如从 12 增加到 25）（不同的无线环境，不同的传播模型，对应关系不一样）。

但从另外一个角度可以看出，天线数目增多的好处。

天线数目增多可以降低天线口功率的需求，从而降低对信源端口功率的需求。也就是说，天线数目增加一倍，可以降低 12 dB 的信道功率需求。

另一方面，随着天线数目的增多，原来需要隔墙覆盖的区域，现在天线可以视距覆盖，提高了信号覆盖质量，省去了阴影衰落余量的考虑，如图 5-9 所示，进一步降低了信源端口功率的需求。

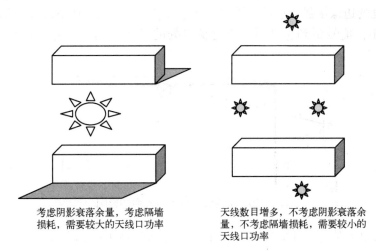

考虑阴影衰落余量，考虑隔墙损耗，需要较大的天线口功率

天线数目增多，不考虑阴影衰落余量，不考虑隔墙损耗，需要较小的天线口功率

图 5-9　天线数目增多带来的好处

在实际工程中，天线数目的增多会带来成本的增加。所以必须在成本增加和覆盖质量改善中找到一个平衡点。

5.3.4　室内外泄漏的控制

建设室内分布系统，室内外的关系要搞好。一方面要避免室外信号过多、过强地进入到室内，喧宾夺主，吸收室内的话务，使得室内分布系统形同虚设；另外一方面，室内分布系统的信号也不能过多、过强地跑到室外，对室外造成干扰，或者引起室外用户乒乓切换导致掉话。

在大楼的门厅及高层窗口处，室外的信号最容易飘入室内吸收室内话务。在室外宏站系统已经建好的情况下，通过在大楼底层和高层等典型楼层进行测试，评估室外信号进入室内的强度。在室外宏站系统没有建好的情况下，规划设计时，要初步估算进入室内的最强的室外信号。

如果室外信号过强，有两个途径来规避：

1）协调室外设计人员，通过调整方向角、下倾角或降低发射功率的方式来规避。

2）加强室内信号的覆盖强度，即加强室内信号的发射功率，使室内窗口或门厅处的信号强度比室外信号强度大 5~10 dB。

当然，室内信号也容易跑到室外，如果信号正好落在大马路上，则对室外行走用户的通话质量会造成影响。以 LTE 为例，控制室内的信号泄漏到室外，一般要求在室外 10 m 处应满足室内参考信号电平 RSRP ≤ −110 dBm，或室内信号导频信道强度比室外宏站的信号强度低 5~10 dB。

控制室内信号外泄也有两个途径：

1）降低室内天线口的发射功率。

2）改变天线的放置位置。

使用多个低功率板状天线靠近窗边向屋内发射信号的方式，要比一个大功率吸顶天线放在屋内中央控制信号外泄的效果好。

假若窗口处的边缘场强要求是一样的，靠近窗口处的天线口功率需求比天线放在远离窗口处的位置要小，信号飘到室外后，靠近窗口处的天线发出的信号衰减得更快一些，如图 5-10 所示。

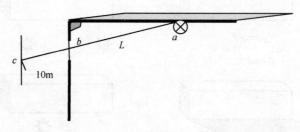

图 5-10 室内天线位置对外泄的影响

a 点为室内中央某处，此处安装了一个室内全向吸顶天线，天线口的发射功率需求为 P_a；b 点为窗口处，不管天线数目多少、如何布置，要求窗口边缘信号的场强是一样的，假若都是 S_b；c 点为室外 10 m 处，信号场强为 S_c。a 点和 b 点之间的长度设为 l。

现在要看，在窗口边缘信号场强是一样的情况下，c 点的室内信号泄漏是多少？a、b 点的天线口发射功率需求是多少？假设室内环境视距范围内的传播模型是 $L = 38.4 + 38\lg d_{(\text{m})}$。则有下面的关系：

$$L_{ac} = 38.4 + 38\lg(l+10)$$
$$L_{ab} = 38.4 + 38\lg l$$

于是有

$$L_{bc} = L_{ac} - L_{ab} = 38\lg\left(1 + \frac{10}{l}\right) \tag{5-13}$$

$$S_c = S_b - L_{bc} = S_b - 38\lg\left(1 + \frac{10}{l}\right) \tag{5-14}$$

$$P_a = S_b + L_{ab} = S_b + 38.4 + 38\lg l \tag{5-15}$$

由式（5-13）~式（5-15）可以看出，天线安装位置越靠近窗口，离窗口的 l 越小，窗口 b 点到室外 10 m 处 c 点的损耗 L_{bc} 就越大；在窗口边缘覆盖场强 S_b 保持不变的情况下，室外 c 点的信号场强 S_c 就越小，外泄控制得就越好。

从另外一个角度看，l 越小，则从 a 点到 b 点的损耗 L_{ab} 就越小，于是天线口功率需求 P_a 就会越小。

结论：在边缘覆盖场强要求相同的条件下，小功率天线靠近窗边安装，外泄控制效果好，对天线口功率的需求也会降低，但天线数目的需求可能会增多。

5.3.5 先平层、后主干

在室分系统设计时，一般是按照"先平层、后主干"的次序进行。

"先平层设计"：平层的分布系统设计主要采用功分器进行功率分配。对于楼宇的某一层，先根据面积大小和覆盖需求确定天线数量和挂点位置，如图 5-11 所示；然后确定选用何种功分器，设计该层室分原理图，如图 5-12 所示。

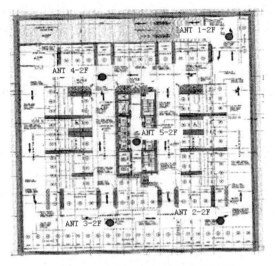

图 5-11　楼房某平层天线挂点位置图

"后主干设计"：主干主要选用耦合器将功率分配至各楼层。耦合器耦合度的确定要由主干信号功率和平层所需的信号功率共同确定，如图 5-13 所示。

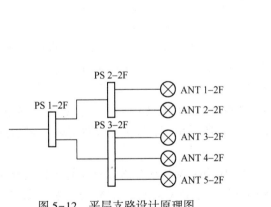

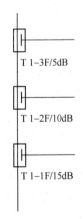

图 5-12　平层支路设计原理图　　　　图 5-13　主干设计

对于一些建筑结构比较复杂的楼宇，如果主干全采用耦合器，可能会引起天线口功率不平衡；对于平层面积较大的楼宇，如果平层全采用功分器，信号功率可能被浪费。必要时，可以根据需要选用功分器或耦合器的组合进行功率分配。

5.3.6　LTE 与 2G、3G 室分系统的覆盖区别

不同无线制式在进行室内分布系统的覆盖设计时，要考虑不同无线制式的覆盖需求特点。覆盖需求特点的差异性决定了，不同无线制式对信源口功率需求不同、天线口功率需求不同、覆盖范围不同，从而天线需求的数量不同。

首先，由于不同无线制式所使用的频率不同，室分系统中的馈线损耗和室内无线环境中的空间损耗有很大差异。

中国移动 TDD-LTE 的室分站点及地铁站点使用的是 E 频段：2320~2370 的 50 MHz。3G 的无线制式使用频率在 2000 MHz 左右，而 2G 的无线制式使用的频率在 900 MHz 左右。1/2″馈线 2400 MHz 时的百米损耗比 900 MHz 时大 5 dB，7/8″馈线 2400 MHz 时的百米损耗比 900 MHz时大 3 dB。

从自由空间传播模型可以看出，无线制式的频率增加一倍，无线环境的空间路损增加 6dB。也就是说，2400 MHz 无线电波空间路损要比 900 MHz 时大 8~9 dB。

其次，不同无线制式的不同业务的手机接收灵敏度不同。接收灵敏度和设备底噪、业务解调门限及处理增益有关。

LTE 的手机接收灵敏度在 -115 dBm 左右（参考信号 RS 功率），LTE 制式一般有频选增益、MIMO 的阵列增益，对手机的接收灵敏度的提高是有好处的；3G 制式一般都有扩频增益，不同业务的扩频增益不同，对手机接收灵敏度的提高有正向作用；而 GSM 制式不进行扩频，不存在扩频增益，没有频率自适应，也没有 MIMO。所以对于 3G 和 GSM 制式来说，不存在频选增益和 MIMO 阵列增益带来的接收灵敏度提高的效果。在一般情况下，LTE 和 WCDMA 制式的灵敏度比 GSM 语音的灵敏度高一些（灵敏度的数值小，意味着灵敏度高）：LTE 制式的 VoLTE 业务、WCDMA 制式的语音业务接收灵敏度比 GSM 制式的语音业务要小 15 dB；LTE 制式的数据业务、WCDMA 制式的 PS384k 业务及 HSDPA 业务的接收灵敏度比 GSM 制式的语音业务要高 4~5 dB。

再次，各无线制式的信道功率配比不一样。采用 TDMA 的 GSM 制式，一个信道占用了一个时隙全部功率，BCCH 的功率、业务信道的功率和发射总功率是相同的。但是采用 CDMA 的 3G 制式，很多时候是几个信道共享总功率，也就是说，某信道功率只是总功率的一小部分。WCDMA 的导频信道功率比总功率低 10 dB，业务信道的功率比总功率低 7~17 dB。采用 OFDM 的 LTE 制式，参考信号 RS 的功率近似为 20 M 带宽时总功率的千分之一，也就是参考信号功率比总功率少 30 dB。

综上所述，从信源端到接收端，LTE 制式由于使用频点较高，路损要比 GSM 制式大 10 dB，考虑 RS 的功率占比及手机 RS 的接收灵敏度，LTE 信源端总功率需求比 GSM 信源端总功率需求大 25 dB（10 dB+30 dB-15 dB）左右。

WCDMA 制式的路损比 GSM 要大约 10 dB；WCDMA 语音业务的接收灵敏度比 GSM 语音业务小约 15 dB；WCDMA 语音业务的信道功率分配损耗比 GSM 语音业务多 17 dB；这样从语音业务的角度看，WCDMA 制式的信源端口总功率需求比 GSM 的信源端口总功率需求约大 12 dB（10 dB+17 dB-15 dB）。

同样，从 PS384k 业务的角度看，WCDMA 制式的信源端口总功率需求比 GSM 的信源端口总功率需求约大 13 dB（10 dB+7 dB-4 dB）。

另一方面，假若在信源端口功率相同的情况下，LTE 和 WCDMA 的室内分布系统需要天线数目必然比 GSM 系统多。

5.3.7　室内覆盖估算

室内覆盖估算的目的是通过室内的链路预算，设计每个天线的覆盖范围，计算出室内分布系统允许的最大损耗，从而确定天线口功率需求和天线数目，保证室内覆盖指标达到设计要求。

无线系统的接收端都有最小接收电平大小和质量的要求，但在室内场景中，目标覆盖区域的信号覆盖水平不仅要考虑最小接收电平的大小和质量，还要考虑避免室内外乒乓切换的要求和室内分布系统话务吸收的要求，所以要求室内场景的边缘覆盖电平要大于最小接收电平。

一般情况下，室内覆盖指标要求用边缘覆盖电平的大小和质量来表示。

举例来说：

1）GSM 室内分布系统要求广播信道 BCCH 边缘覆盖电平：Rxlev > -94 dBm，C/I > 12 dB。

2）WCDMA 室内分布系统要求导频信道 CPICH 边缘覆盖电平：RSCP > -90 dBm，E_c/I_o > -12 dB。

3）TD-SCDMA 室内分布系统要求导频信道 PCCPCH 边缘覆盖电平：RSCP ≥ -85 dBm，C/I ≥ -3 dB。

4）LTE 室内分布系统要求边缘电平：RSRP ≥ -110 dBm，SINR ≥ -3 dBm。

在室内场景中，要求室内小区作主服务小区，即室内无线信号的强度和质量要比室外无线信号的强度和质量高 5~10 dB。

当然在室外，室外小区要作主服务小区，这就要求控制室内信号的外泄。一般有两种衡量外泄控制的指标：一个是绝对数值，一个是相对数值。

绝对数值的指标要求：在室外 10 m 处应满足室内的 WCDMA 导频信道功率 RSCP ≤ -90 dBm，TDD-LTE 参考信号功率 RSRP ≤ -115 dBm。相对数值的指标要求：室内小区外泄信号导频信道功率比室外宏站最强信号小区的 RSCP（WCDMA、TD-SCDMA）/RSRP（LTE）低 10 dB。

链路预算的主要目的是计算最大允许的路损（MAPL），然后利用传播模型损耗和距离的关系，计算出一个天线的覆盖半径，进而确定该天线的覆盖范围。

但室内链路预算的主要目的则略有区别，计算出的最大允许的路损（MAPL）包括室内分布系统的允许损耗和无线环境的路损两部分。

一方面，设定了天线的覆盖半径，利用传播模型可以求出空间的路损，最大允许的路损减去空间允许的路损，就是室内分布系统允许的损耗（Max Allowed Path Loss for IDS，MAPL_IDS），这个损耗包括馈线损耗、天线的分配损耗、射频器件的介质损耗。于是就可以进行室分系统的设计，包括天线的数目、馈线长度、射频器件的使用等。

另外一方面，给定了室内分布系统，从信源到天线口的损耗就确定了。这样，最大允许的路损减去室内分布系统的损耗，就是室内无线环境允许的损耗。然后利用传播模型，计算一个天线的覆盖半径，衡量是否能够覆盖目标范围，从而评估室内分布系统设计是否合理。

现在以计算室内分布系统允许的损耗（MAPL_IDS）为例，说明室内链路预算的过程。

有两种室内分布系统允许的损耗（MAPL_IDS）：一种是从接收机的最小接收电平来分析计算的损耗，称之为 MAPL_IDS_1；另外一种是从边缘覆盖电平需求来分析计算的损耗，称之为 MAPL_IDS_2。

两种 MAPL_ IDS 计算的基准点不同，得出的结果当然也有差别。一般来说，采用受限的 MAPL_ IDS 来设计室内分布系统。两种类型 MAPL_IDS 的计算见后文实例。

在室外 TD-SCDMA 系统中，由于智能天线的作用，下行信号强度明显大于上行信号强度，一般是上行受限；但在 TD-SCDMA 制式的室内分布系统中，不存在智能天线的作用，下行没有明显优势，上下行的路损、接收机解调能力都差不多，上下行链路基本平衡，可以用下行链路来计算 MAPL_IDS。

在 WCDMA 系统中，不同业务的覆盖范围有很大的差别，存在导频信号覆盖没问题，但 PS384 业务覆盖却存在问题。因此要信令面、业务面结合起来计算，进而确定 MAPL_IDS。

在 LTE 系统中，采用双路 MIMO 的室分系统，要比采用单路 MIMO 的室分系统，有较高的多天线增益。在手机为单天线且功率受限的情况下，上行覆盖可能成为链路预算的瓶颈。

不同的无线制式，受限的链路是不同的。因此，室内分布系统的链路预算要分别计算上行、下行的允许路损，信令面、业务面的允许路损，找出最大允许路损的最小值，作为受限链路或瓶颈链路。一般以受限链路计算出的 MAL_IDS 为室分系统设计的依据。

TD-SCDMA 室内链路预算过程举例

表 5-8 以 TD-SCDMA PCCPCH 信道（下行信令面链路）为例说明通过室内链路预算设计天线数目的过程。

表 5-8　TD-SCDMA 室内链路预算举例

计算项分类	链路预算内容	单　位	取　值	说　明
Node B 侧	最大 PCCPCH 发射功率	dBm	30	TD-SCDMA 的导频信道功率
	码道数	Codes	2	一个 PCCPCH 占用两个 TD-SCDMA 的码道
	最大单码道发射功率	dBm	27	按照单码道功率计算
	发射天线增益	dBi	2	室内天线增益较室外的小
UE 侧	热噪声谱密度	dBm/Hz	−174	单位带宽热噪声大小
	带宽范围内的热噪声总量	dBm	−112	TD-SCDMA 系统 1.6 MHz 带宽范围内的总噪声量：−174+10lg1600000
	噪声系数	dB	7	手机的噪声系数比基站的略大
	底噪	dBm	−105	手机底噪：−112+7
	C/I 需求	dB	−1	和信道相关的解调门限，不同厂家、不同无线环境取值不一样，通过链路仿真确定
	接收机最低电平	dBm	−106	底噪+解调门限需求：−105+(−1)
	天线增益	dBi	0	接收端手机增益
	干扰余量	dB	1	这个余量要考虑三个方面：室外宏小区对室内小区的干扰；室内射频器件、有源设备带来的干扰；室内的不同小区之间的干扰。需要根据具体的室内环境来计算
	阴影衰落余量	dB	3	由于室内无线环境的变化比室外环境小一些，室内的阴影衰落余量取值比室外的小一些
	边缘覆盖电平需求	dB	−85	在室内环境里，要求室内信号比室外电平强度大一些，边缘覆盖电平需求的确定是为了避免室内外乒乓切换

（续）

计算项分类	链路预算内容	单　位	取　值	说　明
最大允许路损（MAPL）	MAPL_1	dB	131	从接收机最低电平要求出发计算最大允许路损：27+2−（−106）+0−1−3
	MAPL_2	dB	114	从室内的边缘覆盖电平需求来计算最大允许路损：27+2−（−85）
空间传播损耗	覆盖半径	m	15	设定天线的覆盖半径
	距离损耗系数	—	20	传播模型中，和距离相关的损耗系数
	L_0	dB	38.4	距离天线口 1 m 处的损耗
	传播损耗	dB	62	用 $L=38.4+20\lg d$ 传播模型公式
	室内穿透损耗	dB	10	考虑室内穿透一层墙壁的损耗
MAPL_IDS	MAPL_IDS_1	dB	59	从接收机最低电平要求出发计算室分允许路损：131−62−10
	MAPL_IDS_2	dB	42	从室内的边缘覆盖电平需求来计算室分允许路损：114−62−10

现在用 MAPL_IDS_2 来设计室内分布系统，也就是说，室分系统允许的损耗是 42 dB，考虑室分的馈线损耗 15 dB，射频器件的介质损耗 3 dB，那么允许的多天线分配损耗为 24 dB（42 dB−15 dB−3 dB），设天线数目为 x，则有

$$10\lg x = 24$$
$$x \approx 251$$

也就是说，该室内分布系统一个信源端口可布置 251 个天线。

LTE 上行控制信道链路预算举例

表 5-9 通过 LTE 上行控制信道 PUCCH、PRACH（Format 1）、PRACH（Format 2）的链路预算求取每个天线覆盖范围的过程。其他无线制式室内链路预算的思路可以借鉴，参数和具体取值则要结合具体的技术原理和厂家设备确定。

表 5-9　LTE 室内链路预算举例

计算项分类	链路预算内容	单　位	PUCCH	PRACH	PRACH	说　明
系统配置	UL 信道带宽	MHz	20.0	20.0	20.0	LTE 上行总带宽
	UL RB 总数		100	100	100	LTE 上行 RB 总数
	PUCCH 格式		2b_ACK/NACK	Format1	Format4	上行控制信道格式
	发送天线数目 Tx		1	1	1	手机端上行发送天线数目
	接收天线数目 Rx		2	2	2	基站侧上行接收天线数目
	信道 RB 数		1	6	6	该上行信道使用 RB 数目
	RB 频率间隔	kHz	180.00	180.00	180.00	RB 间的频率间隔，12 个 15kHz 的子载波
UE 侧（上行发送端）	eUE 最大发射功率	dBm	24.00	24.00	24.00	UE 最大发射功率
	天线增益	dBi	0.00	0.00	0.00	手机侧天线增益
	身体损耗	dB	0.00	0.00	0.00	人体在使用手机时对信号强度的影响，如果是贴近耳朵的使用方式，则考虑 3 dB 损耗

（续）

计算项 分类	链路预算内容	单 位	PUCCH	PRACH	PRACH	说 明
UE 侧 （上行发 送端）	发射端 TX EIRP	dBm	24.00	24.00	24.00	手机上行天线等效全向发射 功率，EIRP = eUE 最大发射功 率+天线增益−身体损耗
eNodeB 侧 （接收端）	热噪声谱密度	dBm/Hz	−174	−174	−174	单位带宽热噪声大小
	接收 RX 噪声系数 （NF）	dB	3.00	3.00	3.00	基站侧接收噪声系数
	接收机 RX 功率	dB	−118.45	−110.67	−110.67	基站接收机最小接收功率， 该值为带宽内总噪声量+噪声 系数，即−174+10lg（180000× 信道 RB 数）+NF
	RX 天线增益	dBi	3.00	3.00	3.00	基站接收天线增益
	RX 分集增益	dB	3.00	3.00	3.00	基站接收天线分集增益
	干扰余量	dB	1.00	1.00	1.00	干扰余量，该值和室内无线 环境和射频系统条件有关
	Rx 滤波损耗 + 线缆 损耗	dB	30.00	30.00	30.00	该值考虑基站接收端跳线损 耗、接口连接处损耗、滤波器 损耗
	最小 SINR 需求	dB	0.00	−3.00	2.00	基站接收侧最小解调门限 要求
	最小接收电平（包 括射频增益和损耗）	dBm	−93.45	−88.67	−83.67	该值为接收机最小接收功率 −RX 天线增益−RX 分集增益 +干扰余量+滤波线缆损耗 +SINR需求
无线环境	穿透损耗	dB	20.00	20.00	20.00	室内无线环境穿墙损耗
	阴影衰落余量	dB	8.00	8.00	8.00	与室内无线环境复杂性有关
最大允许 路损 （MAPL）	MAPL_1	dB	89.45	84.67	79.67	MAPL = EIRP−最小接收电平− 穿透损耗−阴影衰落余量

　　从最大允许路损可以知道每个天线的覆盖半径。已知每个天线的覆盖半径，可以知道每个天线的覆盖面积。考虑一定的天线覆盖重叠区域，目标楼宇的总覆盖面积和每个天线覆盖面积的比值，就是总的天线需求数目。总的天线需求数目和每个信源端口可布置的天线数目的比值，就是该楼宇需要的信源数目。

5.4　餐厅座位装多少——室内容量规划

　　"面点王"连锁店开得非常火爆，周扒皮想加盟。餐厅需要多大规模，取决于座位要装多少。座位要装多少，又取决于客流量的大小、特点和餐厅提供的不同面点特征（容量的大小取决于用户行为和业务特点）。

　　客流量的大小主要是指客户前来的密集程度，客流量的特征主要是这些客户喜欢吃什么样的东西，多少个人一起吃（用户的业务使用特点）。

　　"面点王"提供的面食种类也有很多：拉面、刀削面、拌面、扯面；不同的面食做得时间和吃得时间都不同，耗费的资源不同。周扒皮发现拉面的服务时间最短，而扯面耗费的时间较长（业务不同，耗费资源不同）。

　　周扒皮通过详细考察，他发现一个特点：中午 12：00-13：00 吃饭的人多，很多人得排队，属于忙时；而晚上 18：00-19：00 有一个小高峰，但比中午的人少了很多，基本上不用等；其他时间的空位比较多。（考虑忙时话务）

　　这就有个问题，如果座位设计得太多，需要选择较大的场地，投入较多的资金购买桌椅；如果座位设计得太少，又可能让客户等太久，影响客户的就餐心情。

　　最后他按照中午忙时的客流来设计座位数目，允许最多 5 个人排队等候（在通信中，允许多大比例的业务由于系统忙而无法接入，就是阻塞概率要求）。

图 5-14　容量问题

　　无线通信系统中，一个电话来了，就好比一个"要就餐的客户"，他要找座位，无线通信系统里的"座位"，就是业务信道资源。客户多了，座位少了，就会有很多客户无法直接接受服务，需要等待；反之，客户少了，座位多了，就会有很多资源浪费。在无线通信系统中，也是如此。

　　信道数量要规划合理，既不要浪费资源，也不能让太多业务无法接入。信道数量的估算按照忙时的话务量大小来估算，这样能够保证忙时的信道资源供给量。如果不允许出现等待的现象，由于客流大小有随机性，你就需要准备无穷多的信道资源。所以在系统信道资源数目设计时，要允许有少量比例的用户由于系统忙而无法接入，这样可以节约信道资源的准备数量。这个比例称之为阻塞概率，一般取 2%。

　　用户在接受无线通信服务时，不可能始终使用同一种业务，他可能在打语音电话，又可能打视频电话，还可能使用数据下载业务。在 LTE 时代，这种情况相当多。不同的业务占用的资源数量不同，接受服务的时间也不同。多业务资源数量估算时，需要使用专门的算法，这一点室内、室外没有区别，可以参考相关的参考文献，这里不再赘述。

本节主要分析室内话务模型的特点、室内容量规划的一般思路、小区划分方法、载波配置经验、扩容方法等。

5.4.1 室内话务模型特点

话务模型的描述包括两个方面：一个是用户行为的数学描述；另外一个是业务特征的数学描述。

用户行为的数学描述包括一个区域有多少人，使用各种无线通信业务的比例是多少，单位时间使用多少次，每次多长时间等内容。

业务特征的数学描述主要是指无线系统能够提供哪些业务，这些业务具有怎样的容量特性，如占用多少信道资源，上下行带宽需求是否对称，期望怎样的服务质量等。

话务模型数学描述方法的室内外场景差别不大，有兴趣的读者可以查阅相关的参考文献。

这里，主要介绍室内话务模型的特点，主要有如下三点：室内用户移动速度慢、室内用户数据业务使用多、不同室内场景的话务特点不一。

室内用户一般都处于步行或者静止状态，一般不会出现车速移动的情况。这就决定了在容量估算时，室内的信道类型一般取 Static（静态信道）或者 PA3（步行 3 km/h）；相应地，低速条件下的信道类型所需的解调门限较低。

一般的室内场景单位面积的用户数远大于网络平均值。国内外数据业务发展的经验表明，约 70% 的话务量发生在室内，室内发生的话务又有 80%～90% 为数据业务。从目前无线网络的用户使用业务的特征也可以看出，相当多的数据业务用户集中在室内场景。室内场景的高端用户比例较高，数据业务类型常见的有浏览类业务、下载类业务、视频类业务、E-mail 类业务等。

不同室内场景的话务特点不同，同一楼宇的不同功能区域的话务特点也有差异。一般来说有如下规律：大型场馆的峰值话务量最大，写字楼或商务楼的话务量大于酒店、宾馆，酒店、宾馆的话务量又大于高层住宅或生活小区；一个酒店的商务中心、大厅的话务量可能高于高层房间。

接下来介绍室内常用的话务模型，当然不同场景有很大的差别，这里的话务模型只是提供参考而已。

表 5-10 和表 5-11 分别是室内环境下语音视频类业务和数据业务的单用户参考话务模型。

表 5-10　室内语音视频类业务单用户参考话务模型

语音视频类业务	用户渗透率	单用户忙时话务量
基本话音（AMR12.2 k）	100%	0.02Erl
视频类业务	50%	0.001Erl

表 5-11　室内数据业务单用户参考话务模型

单用户忙时吞吐量/Mbit	用户渗透率	上行（UL）	下行（DL）
数据业务 2 Mbit/s	100%	130	540
数据业务 1 Mbit/s	50%	70	270
数据业务 500 kbit/s	10%	20	90

上面，语音视频类业务给出的是以 Erl 为单位的忙时话务量，数据类业务一般给出的是以 kbit/Mbit 为单位的忙时话务量。为了便于使用 Erlang 法，统一用 Erl 作单位。数据类业务从 kbit/Mbit 转换到 Erlang 的公式为

$$单用户话务量（Erl）= \frac{单用户忙时吞吐量（kbit/Mbit）}{业务速率×激活因子×3600} \qquad (5-16)$$

假若数据业务的激活因子都是 0.3，因为数据业务的话务模型上、下行吞吐量不对称，下行的吞吐量更大一些，所以取下行吞吐量的计算为例；为了求单用户的平均话务量，使用考虑渗透率后的单用户忙时平均吞吐量，即单用户忙时吞吐量×渗透率。

在上面条件下，以 Erl 为单位的单用户话务量就可以转换为表 5-12 所示的内容。

表 5-12　下行单用户平均话务量示例

业 务 类 型	话务量/Erl
语音类业务（AMR12.2k）	0.02
视频业务	0.0005
数据业务 2 Mbit/s	0.0078
数据业务 1 Mbit/s	0.00098
数据业务 500 kbit/s	0.00002

求出单用户话务模型以后，还需要考虑不同场景目标楼宇的总用户数，如表 5-13 所示。这样可以求出总的话务量需求。

表 5-13　某大型场馆分区域用户数

区 域	用户群数目	用户群体
主席区	5000	包括组委会、运动员、官员等
媒体区	1000	主办、特权转播商和各类媒体
中央场地	10000	包括正式职员、志愿者、保安、演职人员等
坐席区 1	50000	国内游客
坐席区 2	10000	海外游客

5.4.2　室内容量估算

给定话务模型，求所需要的信道资源数，进而求出所需的载波数目，这就是容量估算，有两种方法：Erlang 法和随机背包法。

（1）Erlang 法

根据给定的话务量需求，通过查询 Erlang-B 表查出一定阻塞概率条件下所需的信道资源数目。这个方法的基本思想来源于排队论。Erlang 法在多业务的条件下，根据查询 Erlang-B 表的位置不同，又可分为等效 Erlang 法，Post-Erlang 法和 Compbell 法。详细的算法这里不做介绍。

（2）随机背包算法

根据不同业务的话务量大小规律，随机地产生话务，每次产生的话务系统按照最优原则占用一定的信道资源，通过多次计算，求出总的信道资源需求。随机背包算法由于计算量大，必须通过计算机仿真实现。

假设载波之间资源不能共享，也就是说一个用户的所有业务只能在一个载波上，不能分散在多个载波上，求取载波配置数目的思路还可以简化一些。

一般每个载波能够提供的信道资源数可以知道，那么通过查 Erlang-B 表，它能支持多大 Erl 的话务量也就可以给出；算出一个用户的多业务等效话务量之后，这个载波能够支持多少这样的用户就可以知道了；一个场景的总用户知道之后，于是所需的载波配置数目也就可以知道了。整个计算思路如图 5-15 所示。

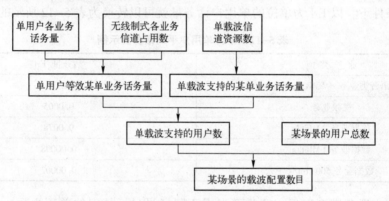

图 5-15　载波配置数目计算思路

这里，按照上述的话务模型，用最简单的 Erlang 法，给大家做一个载波配置计算的示例。

室内分布系统载波配置计算举例

假若有一种无线制式，它各业务占用的信道资源数目见表 5-14。

表 5-14　各业务占用的信道资源数目

业 务 类 型	占用的信道资源数目
语音业务	1
视频业务	4
数据业务 1	4
数据业务 2	8
数据业务 3	24

使用等效 Erlang 法，把各种业务话务量以它占用信源资源数目的多少为权重，等效为语音类业务的话务量，即

$$0.02×1+0.0005×4+0.0078×4+0.00098×8+0.00002×24=0.062Erl$$

这种无线制式，一个载波的无线信道资源有 24 个，在阻塞概率为 2% 的情况下，查 Erlang-B 表可得其支持的话务量为 16.63Erl。

于是这种无线制式一个载波可以服务的用户数为

$$\frac{16.63}{0.062}≈268$$

那么，某场景需要配置的载波数为

$$载波配置数=\frac{总用户数}{单载波服务的用户数} \tag{5-17}$$

以上面的大型场馆为例，已知各区域的用户数，可以得出每个区域的载波配置数目，见表 5-15。

表 5-15　某大型场馆载波数配置计算

区　　域	用户群数目	载波配置数目
主席区	5000	19
媒体区	1000	4
中央场地	10000	38
坐席区 1	50000	187
坐席区 2	10000	38

5.4.3　LTE 载波配置

室内场景通常是数据业务使用较多的场景，为了满足用户对吞吐率的需求，在考虑 LTE 室内载波配置时，一个 O3 站就是配置 3 个 LTE 载波。

究竟需要配置多少 LTE 载波？需要进行容量估算。LTE 的容量估算和 3G PS 域其他业务的容量规划不一样，不同点主要体现在共享性上。

使用 PS64k、PS128k、PS384k 业务的用户占用的信道资源是专用的，所谓 "地方是大伙的，你走了才是我的"。也就是说，一个用户需要一份信道资源，两个用户并发，则需要两份信道资源，以此类推；一个用户释放了资源后，另外的用户才能占用这个资源。当用户数增加到一定程度时，信道资源就会出现不足，就必须增加新的载波。这时使用排队论里的 Erlang 法可以解决这一问题。

LTE 则不然。LTE 的数据业务信道是共享信道，所谓 "地方是大伙的，你在的时候我也可以用用"。也就是说，如果有一个用户，那么他就把全部的信道资源都占用了；如果有两个用户，那么信道资源就得按照一定的调度算法分为两份。用户数越多，每个用户得到的信道资源数目就越少，所能得到的吞吐量也就越少。显然，这与排队论里的模型不一样。

那么，如何计算 LTE 的载波配置呢？

用户的吞吐率需求和用户的数量决定了 LTE 的载波配置数目。用户数增加到一定程度后，单用户得到的平均吞吐率不能满足用户的需求，自然需要增加新的载波。

小区整体吞吐率就是单用户吞吐率和小区内服务用户总数的综合效果。小区整体吞吐率的大小和用户在小区内的位置分布、小区的覆盖电平、终端等级、调度算法、干扰水平等很多因素有关。在 TDD-LTE 中，还和上下行时隙配比、特殊时隙配比有关系。所以吞吐率的计算不可能手工完成，需要通过计算机仿真完成。

由于用户在小区的不同位置，信号质量不一样，得到的吞吐率也不一样。一般小区覆盖边缘的吞吐率需求为最小要求，小区内其他位置的吞吐率必须大于这个要求。

计算机仿真工具设计的基本思路是在小区覆盖范围内，随机地撒用户，然后根据这个位置的信噪比（可以决定调制和编码方式），从而确定合适的单用户吞吐率；所有用户都撒在小区内后，可以计算出小区整体的吞吐率需求。每个载波所能支撑的平均吞吐率可以计算出来，那么从吞吐率的角度就可以计算出来所需的载波配置数。

当用户数小于 LTE 单载波最大允许的同时接入用户数时，用上面办法比较准确。但是当用户数大于 LTE 单载波最大允许的同时接入用户数时，单纯从吞吐率需求的角度出发计算 LTE 载波配置就不大合适了，需要关注 LTE 载波数配置的另外一个限制条件：LTE 单载波最大允许的同时接入用户数。

LTE 载波配置数目计算的基本思路如图 5-16 所示。

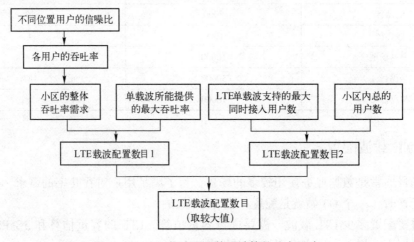

图 5-16　LTE 载波配置数目计算的基本思路

5.4.4　小区合并和分裂

所谓小区，是一个逻辑上的范围概念，它的作用就是为了方便在一定范围内进行信道资源管理、信道参数配置。在这个范围内，所有的业务信道共用同一个公共信道，如广播信道、导频信道等。

一个小区可以有一个载波，也可能有多个载波。在 LTE 里，涉及一个 CA 技术，就是多个载波给一个用户提供业务资源，可以大幅提高用户的峰值速率。载波数目确定后，小区的业务资源提供规模就确定了。

在室内环境里，一个小区可能对应着多个 RRU 覆盖的范围，也可以对应一个 RRU 的部分通道（TDD-LTE 制式中的"通道"概念）覆盖的范围。也就是说，一个小区对应的物理覆盖范围大小是可以根据具体情况调整的。

具体多少个 RRU 可以组成一个小区？一个 RRU 如何分出多个小区？不同无线制式、不同厂家的设备实现会有所差别，在规划时要具体问题具体分析。

在细长的覆盖场景，如隧道、高速公路、高层楼宇，经常需要把多个 RRU 级联起来，根据话务需求，组成一个或多个小区，如图 5-17 所示。但是，级联 RRU 数目不是越多越好：一方面，其有不同厂家产品规格的限制；另一方面，级联过多会导致故障概率增加，维护量增大。一个小区内的 RRU 数目（也可以是 Pico RRU）也不是越多越好，小区内 RRU 数目过多有可能导致底噪抬升，容量资源不足。

在话务热点区域，LTE 使用多通道 RRU 作为室内覆盖信源，根据话务分布特点的不同，可以将不同通道合成一个小区，如图 5-18 所示。

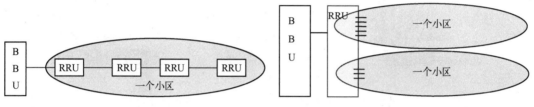

图 5-17　多个 RRU 组成一个小区　　　　图 5-18　RRU 的不同通道组成一个小区

可以把多个小区的覆盖范围合并起来组成一个更大的小区，也可以将一个小区分裂成很多更小覆盖范围的小区，这个过程叫作小区的合并和分裂。

多个小区合并成一个小区，优点是增大了小区的覆盖范围，减少了小区的切换次数；缺点是减少了信道资源数目，降低了容量供给。一般在容量需求较少、主要解决覆盖问题的线性场景中使用，如隧道、地铁、高速公路或铁路。在这些场景中，由于终端移动速度较快，使用小区合并，还可以减少切换次数，提高切换成功率。

在话务量增加到一定程度、超出了已有小区容量极限的情况下，在不考虑增加新的硬件设备时，可以考虑把已有小区分裂成若干个小区。小区数目增加后，信道资源数增加，容量增加，但小区间切换次数增多，小区间干扰增加。

在原有话务分布发生变化时，小区的势力范围划分也应该随之改变，这就是所谓的随波逐流的室内覆盖策略。

举例来说，在如图 5-14 所示的高楼中，室内分布系统信源由 5 个 RRU 组成。

在初期，由于用户数较少，话务量较低，可以把整个大楼作为一个小区，如图 5-19a 所示。

随着用户数的增加，一个小区的划分无法满足话务量的增长，经过计算，原有载波资源足够，可以在不增加硬件设备的情况下，把原有小区分成 2 个小区来满足话务增长，如图 5-19b 所示。

接下来整体话务量没有多大变化，但是该大楼的高层一个入驻公司搬走，二层搬来了一个电影院，也就是说整个大楼的话务分布发生了变化，于是小区划分也需要跟着改变，如图 5-19c 所示。

LTE 室分小区目前采用同频组网方式，小区配置载波带宽为 20 MHz。初期，可以根据室分站点 RRU 数量进行小区划分，级联的 RRU 数目不宜过多。当 RRU 数目大于 6 时，需要进行小区划分。

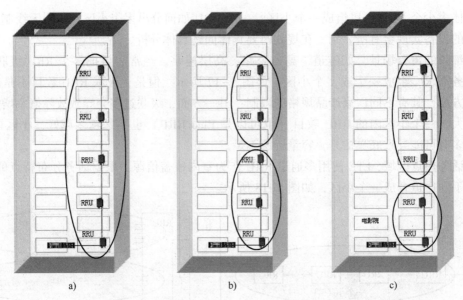

a)　　　　　　　　　　　　b)　　　　　　　　　　　　c)

图 5-19　话务增加和话务迁移引起的小区范围变化

a) 小区合并　b) 小区分裂　c) 小区调整

5.4.5　负荷分担及扩容

随着业务种类的增多、资费策略的调整、网络带宽能力的增加，用户行为逐渐发生较大的变化：用户使用的业务种类将会发生变化、用户使用业务的时间和场所发生变化。也就是说，话务的变化包括"分布"和"量"的变化，话务分布和话务量的变化伴随着室内分布系统建设的整个生命周期。

话务的变化对网络影响的直观表现就是网络资源利用率的变化，如图 5-20 所示。在这里，资源利用率可以是基带资源利用率、传输资源利用率等。话务分布的变化，也叫话务迁移，这必然导致网络各小区利用率的"忙、闲"不均；话务量的增加，必然导致网络整体利用率的增加。小区各种资源利用率指标的大小可以决定是否需要资源调整或者扩容。

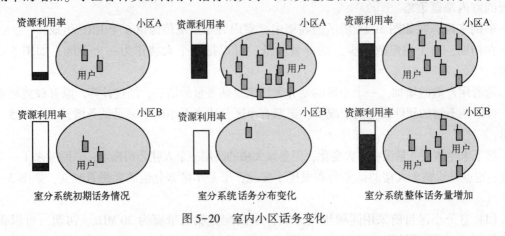

图 5-20　室内小区话务变化

和资源利用率关系较大的指标是阻塞概率。资源利用率越高，阻塞概率越大。阻塞概率大，用户接入系统的困难就大。对网络中各个小区每种资源的利用率进行监控，一般来说，如果资源利用率达到 50%，就需要考虑资源调整或扩容；而资源利用率达到 75%，就一定需要资源调整或扩容。因为此后，随着资源利用率的增加，阻塞概率增加过快，用户体验下降明显。

有的地方超忙小区较多，用户接入困难，业务质量下降，影响客户感知；而有的地方超闲小区较多，资源白白空闲，造成投资浪费。话务的不均衡需要通过资源调整或负荷分担策略来完成。

资源调整策略一般是在同一无线制式内对硬件资源进行调整，办法是"拆闲补忙"，把超闲小区的硬件资源搬到超忙小区上。这种策略虽然可以缓解话务不均衡带来的网络问题，无需额外的硬件投资，但不是最好的策略。"拆闲补忙"可能导致网络的适应性差，引入新的网络性能问题，增加额外的维护工作量。

共享基带资源池是同一无线制式内的负荷分担方法，在"忙闲互补"的区域可以使用这个方法，如学校的宿舍楼和教学楼，在白天，也许教学楼的话务高一些；而到了晚上 10 点左右，则宿舍楼的话务高一些，正好符合"忙闲互补"的特点。

现在重点楼宇的室内分布系统一般都是多制式的，有 2G、3G 系统、LTE 系统，有的还有 WLAN 系统。目前有些网络 2G 系统利用率超高，而 LTE 系统利用率不足，WLAN 系统的使用率也不高。也就是说，LTE 和 WLAN 在有些地方还没有实现分担 2G 负荷的目的。

跨系统的负荷分担策略是通过资费调整策略或者选网策略达到降低繁忙系统的负荷，提高空闲系统利用率的目的。最终的业务分担策略是 2G、3G 主要提供语音业务和低速数据业务；LTE 主要负责大流量高价值的数据业务，而 WLAN 则主要负责大流量低价值的数据业务。随着 LTE 网络潜力的进一步增强，最终能够逐渐代替 2G、3G 网络，让 2G、3G 退出历史舞台。

还有一种负荷分担策略就是室内外小区的负荷分担。在没有室分的场景，室内的话务完全由室外宏站负责。当室内话务增加到一定程度时，系统资源利用率上升。也就是说，在所谓的话务热点出现时，就需要有专门的室内分布系统来吸收热点区域的话务。在密集城区部分街道的角落，室外信号覆盖不足，有时可以巧妙地利用室内信号外泄来覆盖。

当话务量发生了普遍性的增加，资源利用率普遍较高时，需要用扩容的方法解决问题。扩容有整网计划性扩容和局部热点扩容。根据对话务量增长和话务分布变化的预测，提前半年或一年给出网络未来扩容的计划，就是整网计划性扩容。

局部热点扩容是对部分场景出现的用户激增、话务冲击、话务浪涌采取的措施，如小区分裂、增加载波、增加信源。如有大型赛事时，在场馆附近增加应急通信车，就是增加载波、信源的扩容方法。

5.5　出门靠朋友——邻区、频率、扰码、PCI 规划

俗话说得好：在家靠父母，出门靠朋友。但是如果出门后，你没有什么朋友，做点事情就很不容易。一个用户在小区内建立通话，如果要移动到其他小区，但没有配置邻区，就会发生掉话，就像出远门的年轻人外面没有朋友事情办不成一样。

用户在不同小区间移动，必然涉及小区之间的配合问题，邻区规划是无线系统移动性设

计的前提。

有些无线制式支持同频组网，也就是说，频率复用系数为 1，如 WCDMA、LTE 系统，无需进行频率规划，或者说频率规划较为简单。而在 GSM 系统、TD-SCDMA 系统中，为了控制同频干扰，同频之间必须大于一定的复用距离，也就是说，频率规划非常重要。

在 WCDMA 系统中，扰码长度足够，互相关性较少，无需专门进行扰码规划；在 TD-SCDMA 系统中，扰码长度短，很多扰码之间互相关性较大，若规划不好会存在较大的码字干扰，影响系统性能，因此，扰码规划，较为重要。

在 LTE 系统中，物理层小区 ID（Physical Cell ID，PCI）的作用是在小区搜索过程中，方便终端区分不同小区的无线信号，类似于 WCDMA/TD-SCDMA 系统中扰码的作用。PCI 规划是 LTE 室分小区规划的一项重要内容。

5.5.1 邻区规划

室内分布系统中有两种邻区：一种是室分系统小区和室外宏站小区的邻区关系；另外一种就是室分系统内部小区之间的邻区关系。

室内外邻区配置一般有以下几种情况。

（1）楼宇出入口

在楼宇出入口、地下停车场出入口需要规划室内小区与室外小区的双向邻区关系。

（2）中高层窗口处

在室内场景中，室内小区应该是主服务小区，在室内环境中，室外宏站信号比室内信号应该小很多。这样，在室内的用户应该优先驻留或选择室内的小区。在这种情况下，中高层室内与室外不需要规划邻区关系。

但是很多时候，室外宏站信号飘入室内高层，在室内形成孤岛效应。在这种情况下，室内用户一旦驻留在室外孤岛区域，略有移动，就有可能到了室内小区的势力范围内，如果不配邻区，就会导致掉话。

解决这个问题的方法是单向邻区策略，即给形成孤岛效应的室外小区增加室内小区的单向邻区。这样，在室内小区发起的通话，始终保持在室内小区；而在室外小区发起的通话，可以在室外信号较弱时，切换到室内小区。单向邻区的配置还可以避免室内高层的乒乓切换问题。在勘测设计阶段，通过楼宇高层无线信号的步测，来获取室外小区在室内的孤岛效应现象。

注：配置室外小区到室内小区的单向邻区时要格外小心。在外泄比较严重的情况下配置单向邻区，可能导致频繁的切换失败。单向邻区的配置尽量限制在室外小区和室内高层小区之间，并且不要普遍使用。

室内小区自身的邻区配置一般有以下几种情况：

1）室内只有一个小区。如果整个楼宇只有一个小区，不需要考虑室内小区之间的邻区规划。

2）楼宇内划分多个小区，每个小区有多层。对大型楼宇室内的不同小区，尽量利用自然隔层来划分不同小区。不同楼层的相邻小区要配置邻区关系。

3）同一楼层分若干小区。有些大型楼宇，话务量大，同一楼层会划分成多个小区，这些小区之间都需要规划紧密邻区关系。

4）电梯邻区设置。电梯内一般情况下只用一个小区来覆盖，但在比较高的楼宇，电梯被划分为多个小区，相邻小区之间要配置双向邻区。

电梯内小区与每层电梯厅小区为同一小区，可以不规划邻区。但很多时候，电梯内小区与每层覆盖小区不一样，必须要配置双向邻区关系。

5.5.2　频率规划

蜂窝移动通信系统里的一个重要的概念就是频率复用，频率资源是有限的，但是为用户通信服务的覆盖面积及容量需求是无限的。那怎么办呢？

互不干扰的两个小区可以使用相同的频率。什么样的同频小区能够互不干扰呢？有以下几种情况。

（1）支持同频组网的无线制式

WCDMA 是宽带无线制式，可以把有用信号深埋在干扰之中，同时又可以把有用信号从干扰中提取出来。这些干扰可以是本小区其他用户的干扰，也可以是其他邻接小区的干扰。邻接小区和本小区使用相同频率造成的干扰，WCDMA 制式完全可以克服。

LTE 以 OFDM 技术为基础的无线系统，通过构造正交子载波的技术保证各信道之间互不影响，由于频率偏移或者相位偏移造成的各信道间子载波间的干扰也通过加 CP 降到最低，小区内干扰可以忽略不计。所以 LTE 支持频率复用因子为 1 的同频组网方式，即网络覆盖范围内所有的小区使用相同的频率工作。

另一方面，位于 LTE 小区边缘的用户，很容易受到其他小区的干扰，导致吞吐率降低，业务质量受到影响。为了增强 LTE 小区边缘的覆盖性能，引入小区间干扰协调技术（ICIC）。LTE 最大可支持 20 MHz 带宽，频点数目更少，在频点规划时，需要考虑边缘用户的干扰问题。

（2）相隔一定距离的小区

无线电波的路损随着路径的增加而增大，当两个小区足够远时，使用相同频率的小区相互影响可以忽略不计。这个足够远的距离称之为同频复用距离。

（3）隔离度足够大的小区

当两个小区之间的地物阻挡损耗足够大，或者穿墙损耗足够大，两个小区之间没有重叠区域或者很少的重叠区域时，这两个小区可以设为同频。

频率规划就是在不能使用相同频率的小区中，根据覆盖范围和话务分布分配相应的频率资源，避免同频干扰，提高网络性能的频率配置过程。

室内频率规划的要点在于，室内小区需要设置单独的频点，区别于室外。

室内、室外频点分开的好处在于，室外繁杂的无线信号对室内覆盖质量不造成影响（尤其是在住宅小区的高层，飘荡着很多远道而来的信号），室内外频点不分开，室内很容易被室外干扰。

目前移动集团的 LTE 频率分配如图 5-21 所示。

E 频段是 LTE 网络室内分布系统的主要使用频段。目前移动集团倾向优先使用的频率是 2330~2370 MHz，共 40 MHz 频率。小区配置 E 频段频点在载波带宽 20 MHz 的情况下，原则上优先配置 2350~2370 MHz 频率；在室内小区间异频组网场景相邻小区，可分别使用 2350~2370 MHz 和 2330~2350 MHz 频率。

图 5-21 移动集团的 LTE 频率分配

注：**A 频段**：2010~2025 MHz，共计 15 MHz，供 TD-SCDMA 使用。

F 频段：1880~1920 MHz，共计 40 MHz，1880~1900 MHz 供 TD-LTE 室外使用；

E 频段：2320~2370 MHZ，共计 50 MHz，供 TD-LTE 室分使用。

D 频段：2570~2620 MHz，共计 50 MHz，供 TD-LTE 室外使用。

由于 LTE 的频率规划较为简单。下面我们以 TD-SCDMA 为例，说明频率规划的要点。

以 TD-SCDMA 频率规划为例，假设 1880~1920 MHz 频段没有启用，只有 2010~2025 MHz 的 9 个频点，分别用 F1~F9 表示。

在室内，数据业务的覆盖非常重要，在 TD-SCDMA 制式中，需要单独配置 HSDPA 载波，为了保证数据业务的边缘覆盖速率，需要考虑单独设置频率。

这时，频率规划方案有很多种，但由于频点较少，每个方案都有利有弊，下面举几个例子。假设一个小区 3 个载波，1 个主载波，2 个辅载波；HSDPA 规划 1 个载波。

（1）方案一

主载波：室内小区规划 3 个频点，室外小区规划 5 个频点。HSDPA 载波：规划 1 个频点。如图 5-22 所示。

这种方案的优点是室内外的主载波实现了异频，主载波同频干扰较小，HSDPA 载波对 R4 载波影响较小。但缺点是 HSDPA 载波室内外同频，可能造成 HSDPA 载波的室内外干扰。

（2）方案二

主载波：室内小区规划 3 个频点，室外小区规划 6 个频点。HSDPA 载波：室内外分开，室内复用主载波的频点。如图 5-23 所示。

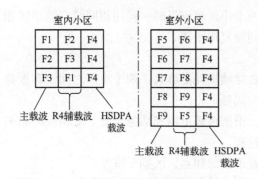

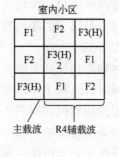

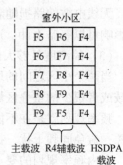

图 5-22 TD-SCDMA 频点规划方案一　　　图 5-23 TD-SCDMA 频点规划方案二

这种方案的优点是室内外的主载波实现了异频，主载波、HSDPA 载波的室内外同频干扰都较小。但是，室内 HSDPA 载波可能对其他载波造成干扰。

5.5.3 扰码规划

扰码的作用：在下行方向上，终端用来区分小区；在上行的方向上，基站用来区分来自不同小区的用户。在 TD-SCDMA 中，扰码序列非常短，有些扰码之间相关性比较大，再加上路损，在接收端看来，两个扰码可能非常相近，甚至一样，就像大家见到穿着一样的双胞胎姐妹一样，起不到"区别"的作用。

所以，扰码规划的原则就是在相邻小区之间分配彼此相关性很低的扰码。

理解这个原则，需要从以下三个方面出发来看：

这里的相邻小区不仅要考虑切换邻区关系，还要充分考虑物理上的邻区关系。这一点，在楼宇高层覆盖的扰码规划是非常重要的。在楼宇高层，经常会有很多杂乱的信号，配置邻区关系只是较强的一两个小区。如果其他扰码相关性较大的小区信号过来，很可能造成扰码间干扰。

其实，扰码规划不只是考虑扰码的相关性问题，多数时候要结合扩频码的相关性来综合考虑。扰码和扩频码的结合称之为复合码。在 TD-SCDMA 中，往往用复合码的相关性来规划扰码。

再次，进行扰码规划时，仿真计算和实测分析同样重要。仿真计算可以初步确定扰码分配方案。但是仿真不能代替实测，尤其是无线环境比较复杂的场景，要通过得到的实测数据分析小区重叠关系。在有些室内场景中，只要几个小区覆盖信号电平值相差在 6 dB 内，就需要考虑扰码之间的相关性问题。

5.5.4　PCI 规划

在 LTE 中，终端用 PCI 来区分不同小区的无线信号。PCI 全称 Physical Cell Identifier，即物理小区标识。LTE 系统提供 504 个 PCI，和 TD-SCDMA 系统的 128 个扰码概念类似，网管配置时，为小区配置 0~503 之间的一个号码。

LTE 小区搜索流程中需要检索主同步序列（PSS，共有 3 种可能性）、辅同步序列（SSS，共有 168 种可能性），二者相结合来确定具体的小区 ID。

在 LTE 各种重选、切换的系统消息中，邻区的信息均是以"频点+PCI"的格式下发、上报。现实组网中不可避免地要对小区的 PCI 进行复用。因此在同频组网的情况下，可能造成由于复用距离过小，产生 PCI 冲突，导致终端无法区分不同小区，影响正确同步和解码。

PCI 规划常见的问题主要有以下两种：

1）冲突。在同频的情况下，假如两个相邻的小区分配相同的 PCI，这种情况会导致在重叠区域中，至多只有一个小区会被 UE 检测到，而初始小区搜索时只能同步到其中一个小区，而该小区不一定是最合适的，称这种情况为冲突，如图 5-24 所示。

2）混淆。一个小区的两个相邻小区，具有相同的 PCI，这种情况下，如果 UE 请求切换到 ID 为 A 的小区，eNB 不知道哪个为目标小区，这种情况称为混淆，如图 5-25 所示。

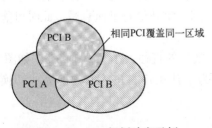

图 5-24　PCI 规划冲突示例

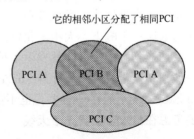

图 5-25　PCI 规划混淆示例

综合上述要求，PCI 规划原则总结如下：

1）在 LTE 室内 PCI 规划中，也应考虑避免"冲突"和"混淆"。因此在同频组网时，任何一个小区与所有邻区 PCI 不重复，且一个小区的两个邻区不规划相同的 PCI。异频小区无需考虑。

2）鉴于宏站、室分异频组网，LTE 宏站、室分小区 PCI 独立规划；相比室外，室分小区 PCI 规划相对简单。

3）在室分同频组网情况下，单天馈覆盖相邻小区尽量避免模 6 干扰，双天馈小区尽量避免模 3 干扰。

5.6　瞄准了您再跳——切换设计

一个用户从一个小区移动到另一个小区，如同一个年轻人从一个工作岗位换到另外一个工作岗位一样，需要考虑很多因素。换工作时，要考察目标工作岗位的薪酬待遇及职场前景比现场的岗位强在哪里，也就是说，必须瞄准了再跳。用户在从一个小区切换到另外一个小区时，也要评估一下目标小区的覆盖电平、信号质量，不能盲目切换。过于频繁地更换工作岗位，会影响自己的收入和职场前景，有很多弊端；同样，切换太频繁也不大好，会耗费系统资源。

室内覆盖切换设计的原则是尽量少切换。切换过多，会增加系统的处理开销，同时也会降低用户的通话质量。

做切换设计的前提是明确主服务小区、控制好干扰、做好邻区规划。

切换设计的手段就是调整天线参数（如室外天线的方向角、下倾角，室内天线的位置等），调整功率参数（通过增大或减少功率来控制小区覆盖范围），调整切换参数（通过设置各种切换门限、迟滞、时延等参数来优化切换性能）。

室内场景下，主要有以下区域发生切换：大楼的出入口、高楼的窗边，电梯口等。下面分别介绍这些区域的切换设计要点。

5.6.1　大楼出入口的切换设计

在大楼的出入口，用户在室内外频繁移动，需要设计室外小区和室内小区的切换关系。切换关系包括切换带的位置、切换带的大小、切换参数的设置等（见图 5-26）。

根据切换最少的原则可知，把切换带设置在繁忙的道路上（见图 5-27 所示 A 区域）是不合适的，过往车辆上的用户频繁地发生切换，可能导致切换掉话，影响网络性能。

但是把室内外切换的区域放在室内，如图 5-27 所示 C 区域，也是不合适的。室外信号在开关门效应的影响下，大小变化剧烈。在关门一瞬间，室外信号迅速衰减，此时可能还没有来得及切换到室内小区，就发生了掉话。

一般把切换带设置在门厅外 5 m 左右的地方，切换带的直径大小大为 3~5 m，如图 5-27 所示 B 区域，既不能在马路上，也不能紧挨门口。为了让用户在进入室内前完成切换，一般需要考虑在出入口安置一个天线。

图 5-26 大楼出入口的切换设计

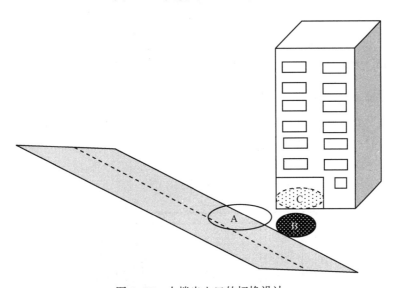

图 5-27 大楼出入口的切换设计

5.6.2 窗边的切换设计

窗边的切换设计有两种情况：一是设置单向邻区的切换设计；二是设置双向邻区的切换设计。

在室内分布系统深度覆盖做得比较好的情况下，室外信号在室内不会形成大范围主服务小区。在高层，室外信号比较杂乱，但进入室内以后强度都较小。在这种情况下，一般设置从室外到室内的单向邻区；也就是说，偶尔有用户驻留在室外小区发起通话，只允许用户从室外小区切换到室内小区，而不允许用户从室内小区切换到室外小区。这样做的好处就是避免室内外小区乒乓切换，导致掉话。

还有一种情况，有些室内场景安装天线的位置有限，需要深度覆盖的地方无法安装天线，这样就需要室外宏站的信号补充室内的覆盖。这样在室内的窗口区域，室内外的信号都较强，甚至室外的信号更强一些。这时需要设置双向邻区，切换带要设置在室内两个房间的门口处，而不要设置在窗口，如图 5-28 所示。

图 5-28　窗边的切换设计

5.6.3　电梯的切换设计

从底层大厅进来的人，多会使用电梯到达各楼层，从切换次数尽量少的原则出发，电梯和大厅之间尽量不要发生切换，这就要求电梯和底层大厅是同一个小区；一般要求电梯在运行过程中尽量不要有切换，也就是说，整个电梯尽量是同一个小区，如图 5-29 所示。

图 5-29　电梯的切换设计

如果整个大楼是一个小区，就不需要电梯切换设计了，如图 5-30a 所示。如果是多个小区，那电梯区域一定和底层区域是一个小区，无需切换；而在高层区域，出入电梯，才需要进行切换，如图 5-30b 所示。

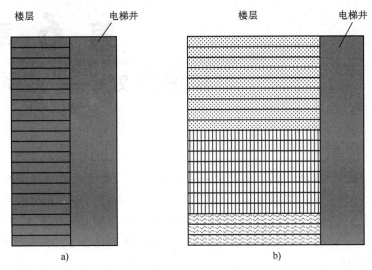

图 5-30 电梯的小区划分

a）一个小区 b）三个小区

为了保证切换顺利完成，要求电梯厅与电梯保证同小区覆盖，这样可以避免电梯的开关门效应，使通话用户在进入电梯之前或者离开电梯之后完成切换，避免切换发生在电梯开关门的一刹那间，如图 5-31 所示。

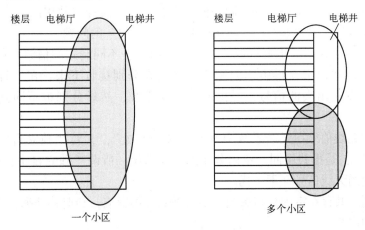

图 5-31 电梯和电梯厅设置为同一小区

一般在中小型楼宇的电梯井最上部安装一个定向天线，保证电梯内为同一小区。

而较大楼宇，电梯井内需要引入两个小区的信号，需要在电梯井的顶部和中部各引入一个定向天线。在电梯运行过程中会产生两个小区的切换，要合理设置切换参数来减少切换失败导致的系统性能问题。

一些超高楼宇，还可以采用泄漏电缆来完成电梯的覆盖。

第 **6** 章

和谐共处——多系统共存

很多人共处同一个生活空间，共用同一个社会资源，需要的是和谐共处，但"和谐共处"的前提是"独立自主、互不影响"。事实上，生活中很多场合，都需要处理好"资源共享"和"互不影响"的关系。例如，飞机的行李舱是很多乘客的行李共用空间。登机前，对于比较重的行李，乘客要办理托运手续。下飞机时，又需把自己的行李取出。行李之间要相互区别，互不影响。

目前一家运营商存在多个无线通信系统，多系统共存需求应运而生。资源共享是多系统共存首要考虑的问题。可共享的资源有机房、天面、传输、天馈等。

在室内分布系统的多制式规划建设中，多系统共存有两种情况：共用顶棚和墙壁等安装位置、共用天馈。

有的时候，同一楼宇，多家运营商要建设室内分布系统，由于没有合作协议，无法做到天馈系统的共建共享，但是还需要在同一楼宇内共存（天线挂点共用同一顶棚或墙壁）。这种情况下，需要解决"和谐相处""独立自主，互不影响"的问题。

天馈系统是共建共享的主要资源。在下行方向上，不同制式的信源发射的无线信号通过同一天馈系统发送出去，再由不同制式的终端在分别接收下来；在上行方向上，不同制式的终端分别发送出去的信号，经由同一天馈系统，然后分别被不同制式的信源接收下来。

不同制式的无线信号在天馈系统中既要"和谐相处"，又要"独立自主，互不影响"。所谓"和谐相处"，是指共用同一室内分布的天馈系统；所谓"独立自主，互不影响"，是指不同制式之间的无线信号互不干扰。

多个无线制式共存在室内分布系统中如何做到互不影响，和谐共处呢？下面介绍一下多系统干扰相关的内容。

6.1 多人演说的困惑——多系统干扰原理

在一个较为封闭的会议室，有几个人同时想站出来讲话。如果这几个人说话的声音都很小，分别和自己的听众谈论不同的话题，那么彼此之间的影响比较小，如图6-1所示。

但是如果甲演说者说话的内容中包含了部分乙演说者涉及的话题，说话的声音较大，就有可能影响乙演说者听众的接收效果（类似无线通信中甲系统信号有一部分落入了乙系统的频带内，构成杂散干扰）。

如果甲演说者说话的内容和乙演说者毫不相关，只是声音足够大，也可以影响乙演说者

图 6-1　多人演说

的听众（类似无线通信中甲系统信号的频带和乙系统毫不相关，但甲系统的信号太强了，阻塞了乙系统的接收机，构成阻塞干扰）。

如果甲演说者说话的内容和乙演说者毫不相关，一个是生物，一个是化学；但是他们的话题结合起来落入丙演说者演讲的范围内，生物化学；甲乙的演说综合效果对丙造成了影响（类似无线通信中甲频率的无线信号和乙频率的无线信号由于系统的非线性，产生了新的频率的无线电波，即交调信号，对丙系统造成了影响）。

在室内分布系统中，多个系统的天线都挂在顶棚上，或者都挂在某一墙壁上，如果天线之间的距离很近，彼此之间就可能造成干扰。另外一种情况是，多个系统共用同一个室内分布的天馈系统，天馈系统本身安装不标准，造成系统的非线性程度增加，这样不同系统之间也会造成干扰。

下面介绍一下多系统在同一楼宇共存时可能碰到的相互干扰问题，即干扰的机理；然后寻找多系统共存干扰规避的措施。

6.1.1　干扰的种类

噪声和干扰既彼此联系，又相互区别。噪声的频带范围较大，通常通过叠加的方式作用在被干扰的系统上；干扰则是指和无线通信系统频带宽度相近、同频或异频之间，由于系统的非线性导致的彼此之间的相互影响，往往是一种乘性干扰。一般情况下，把噪声也看成干扰。

多系统干扰一般是指干扰源对系统接收机产生的干扰。从广义上讲，其可以分为由于杂散噪声产生的加性干扰和由于系统非线性产生的乘性干扰。由于干扰产生的机理不同，还可以分为杂散干扰、阻塞干扰、交调干扰（分为接收机交调干扰和发射机交调干扰），下面分别介绍。

（1）杂散干扰

杂散干扰属于一种加性干扰。如图 6-2 所示，系统 A 和系统 B 是使用不同频率的系统，由于系统 A 的发射端不是十分理想，不但发射了自己频带内的信号，而且产生了其他频带的杂散信号，这个杂散信号落在了系统 B 的接收频带内，对系统 B 造成了影响。这种杂散干扰，对接收端来说是无能为力的，只能在发射端想办法规避。

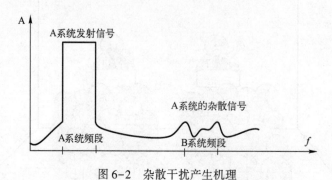

图 6-2　杂散干扰产生机理

（2）阻塞干扰

很多射频器件是正常工作在线性范围内，超过线性范围后进入饱和区后，无线信号就会严重失真。

在正常情况下，接收机接收到的带内信号比较微弱，在接收机线性区工作。当有一个强干扰信号时，虽然不是系统频带范围内的信号，但一下子进入了接收机，抬高了接收机的工作点，严重时使接收机进入了非线性状态，进入了饱和区，如图 6-3 所示。这种干扰为阻塞干扰。

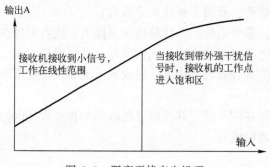

图 6-3　阻塞干扰产生机理

（3）交调干扰

交调信号是指多个不同频率的强信号，在传播过程中碰到了非线性系统，所产生的另外频率的无线信号。交调信号的关键词是"多个频率""非线性"。交调信号落入了接收机的频带内，对接收机造成了干扰，称为交调干扰。

当两个频率的无线信号幅度相等时，由于非线性的作用，产生两个新的频率分量，这种现象叫作互调。也就是说，互调是交调的一种。

交调信号可能在发射端产生，也可能在接收端产生。依据交调信号产生位置的不同，可以将其分为接收交调干扰、发射交调干扰。

当不同频率的多个干扰信号同时进入接收机时，由于接收机的非线性而产生的交调产物若落在接收机的工作带内，就形成了接收交调干扰，如图 6-4 所示。

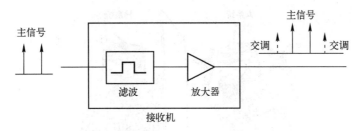

图 6-4 接收交调干扰

发射交调干扰的产生位置有两处：一处是在发射机内部；另外一处是在发射端附近。

从发射机发出的某个频率的强信号，由于发射机不十分理想，从输出端"反灌"到发射机内部，由于发射机的非线性，这两种信号一起产生了交调产物。当然，从发射机发出的某个频率的强信号和从发射机外部来的另外一个频率的强信号一起，也会产生交调信号。这两种都是发射机内部产生的发射交调干扰，如图 6-5 所示。

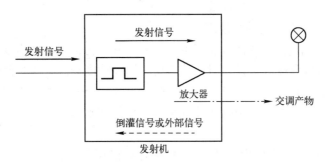

图 6-5 发射机内部产生的发射交调干扰

当不同频率的多个强信号同时作用在发射端附近的一些金属物体时，如图 6-6 所示，由于金属的非线性产生的互调产物，是一种发射端附近产生发射交调干扰。

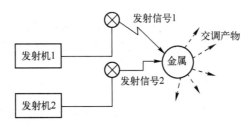

图 6-6 发射端附近产生的发射交调干扰

注：

1）发射机发射的频带内信号，只能通过阻塞干扰一个途径降低接收机性能。

2）发射机产生的带外互调和杂散信号，可能通过同频干扰、邻频干扰、互调干扰、阻塞干扰等途径降低接收机的性能。

6.1.2 干扰规避措施

多系统共存时可能产生杂散、阻塞、交调等多种类型的干扰。规避系统之间的干扰是室内分布多系统规划设计和施工建设中非常重要的事情（见图 6-7）。

图 6-7　干扰规避措施

规避系统之间的干扰可采取的办法有很多：提高发射机、接收机的线性度；调整频点；降低功率；增加滤波器；增加隔离度等。

（1）提高发射机、接收机的线性度

发射机和接收机的系统非线性可能产生过多的交调产物；非线性程度高的接收机又非常容易被阻塞。在发射机和接收机设计时，就需要选用线性度较高的射频器件，如滤波器、放大器；安装时，保证物理接口之间稳定可靠，附近不存在金属物体；维护时，要及时发现老化设备，进行更换调整。提高系统的线性度是多系统共存永恒的课题。

（2）调整频点

多系统之间的干扰往往是由于不同频率的信号相互影响，如果能够调整某个系统的频点，使它避开频率之间的相互影响。用调整频点的方法解决多系统干扰操作起来比较简单，但是频点的随意调整可能会影响整个室分系统的频率规划质量，适用范围并不广。

（3）降低功率

多个系统之间存在干扰，通过降低干扰源系统的发射功率，也可以减少被干扰系统所受的干扰。但是降低系统发射功率的方法，在很多情况下并不适用，因为它影响系统的覆盖范围和覆盖质量。

（4）增加滤波器

在发射端增加滤波器，可以抑制发射端产生带外杂散信号、互调产物，影响其他接收系统。

在接收端增加滤波器，可以抑制带外阻塞干扰、带外交调干扰、带外杂散信号，提高信号的接收质量。

（5）增加隔离度

有时候，不同运营商的系统之间，或者同一运营商的不同系统之间发生干扰，采用提高系统线性度、调整频点、降低功率、增加滤波器的手段，协调起来比较困难，不可操作。采用增加异系统间隔离度的方法，往往是可实施的。

室内分布系统中，如果不共天线，则通过提高空间隔离度的方法来抑制多系统干扰；如果是多系统共天馈，则一定要选择端口隔离度符合要求的射频器件，如选择系统隔离度较大的合路器。

对于全向天线来说，可以通过调整天线的位置来增加室内分布的多系统空间隔离度；对于定向天线来说，除了调整天线位置，还可以通过调整定向天线的方向角和下倾角来增加系统间的空间隔离度。

6.2 豪猪的故事——系统间隔离度计算

北风萧萧、雪花飘飘。几个豪猪冻得受不了了，挤在一起取暖。它们彼此之间太近了，它们身上的刺开始互相伤害，它们必须离得远一些。经过几次靠近、疏远，终于找到了最合适的距离（空间隔离度），既可以满足彼此取暖的需要（满足室内覆盖的质量），又不至于互相刺伤（避免多系统共存的彼此干扰），如图 6-8 所示。

图 6-8 豪猪的故事

不同系统的天线在室内的布置类似豪猪取暖的故事（非共天馈系统的情况）。天线之间离得太远，覆盖质量无法保证；离得太近，系统之间又会存在干扰。系统间的天线应该离多远呢？在前面的章节中介绍过，同一系统的天线之间，或者终端到天线之间的距离应该满足"大于最小耦合损耗"的要求。那么异系统天线之间的距离应该满足"大于空间隔离度"的要求。也就是说，空间隔离度的要求决定了异系统间的天线距离。

6.2.1 灵敏度恶化

系统之间的干扰会导致接收机灵敏度恶化。为了将接收机灵敏度恶化的程度控制在一定范围内，落在接收机频段范围内的干扰值就不能太大。

这个最大允许接收的干扰值（用 I_r 表示，单位为 dBm）和最大允许的灵敏度恶化的值（用 ΔS 表示，单位为 dB）是紧密相关的。假设接收机原来的底噪为 N（单位为 dBm），大小为 I_r 的干扰使得底噪抬升，I_r 为加性干扰，底噪抬升的程度就是灵敏度恶化的程度。

单位为 dBm 的两个值是不能直接相加的，把它们转换成功率单位（mW）就可以直接相加了，即

听不见

图 6-9　灵敏度恶化

$$底噪抬升的倍数 = \frac{原底噪(mW) + 带宽内干扰(mW)}{原底噪(mW)} = 1 + \frac{带宽内干扰(mW)}{原底噪(mW)} \tag{6-1}$$

将以 dBm 为单位的 N 和 I_r 换算成以 mW 为单位的值代入式（6-1）可得

$$底噪抬升的倍数 = 1 + \frac{10^{\frac{I_r}{10}}}{10^{\frac{N}{10}}} = 1 + 10^{\frac{I_r - N}{10}} \tag{6-2}$$

底噪抬升的倍数就是灵敏度恶化的程度，则灵敏度恶化 ΔS（以 dB 为单位）和落在频带内的干扰 I_r（以 dBm 为单位）的关系为

$$\Delta S = 10\lg\left(1 + 10^{\frac{I_r - N}{10}}\right) \tag{6-3}$$

换一个形式，落在接收机频带内的允许的最大干扰 I_r（以 dBm 为单位）和允许的灵敏度恶化 ΔS（以 dB 为单位）的关系还可表示为

$$I_r = N + 10\lg\left(10^{\frac{\Delta S}{10}} - 1\right) \tag{6-4}$$

例如，WCDMA 系统在带宽范围内的底噪为 $-105\,dBm$，那么 WCDMA 中允许的灵敏度恶化值和频带内允许的干扰值的关系为

$$I_r = -105 + 10\lg\left(10^{\frac{\Delta S}{10}} - 1\right) \tag{6-5}$$

LTE 系统在一个 RB 带宽范围（180 kHz）内的底噪为 $-118\,dBm$，20 MHz 带宽范围内的底噪为 $-98\,dBm$，那么 LTE 中允许的灵敏度恶化值和频带内允许的干扰值的关系为

$$I_r = -118 + 10\lg\left(10^{\frac{\Delta S}{10}} - 1\right) \tag{6-6}$$

$$I_r = -98 + 10\lg\left(10^{\frac{\Delta S}{10}} - 1\right) \tag{6-7}$$

WCDMA 和 LTE 系统中允许的灵敏度恶化值和落在接收机频带内允许的干扰值的关系见表 6-1。

表6-1 允许的灵敏度恶化值与落在接收机频带内允许的干扰值

允许的灵敏度恶化值/dB	0.1	0.5	0.8	1	2	3	5	6	8	10
WCDMA 频带内最大允许的干扰值/(dBm/3.84 MHz)	-121	-114	-112	-111	-107	-105	-102	-100	-98	-95
LTE 一个 RB 带宽内允许的干扰值/(dBm/180 kHz)	-135	-127	-125	-124	-120	-118	-115	-113	-111	-108
LTE 在 20MHz 带宽内允许的干扰值/(dBm/20 MHz)	-115	-107	-105	-104	-100	-98	-95	-93	-91	-88

6.2.2 异系统隔离度

异系统发射出来的干扰（用 P_s 表示，单位为 dBm）途经各种损耗，落在接收机频带内的干扰不能大于接收机最大允许的干扰值 I_r。两者的差值就是隔离度要求 D（单位为 dB），公式为

$$D = P_s - I_r \tag{6-8}$$

（1）发射端 P_s 和接收端 I_r 的理解

发射端对接收机可能造成影响的信号包括，发射机的带内发射功率、发射端产生的杂散信号和交调信号。发射端来的信号作用在接收机上，可能通过同频、异频、互调、阻塞的方式造成干扰，使接收机的性能降低，见表6-2。

表6-2 发射端对接收端的影响

发射端发出的信号 P_s	作用在接收机上的干扰 I_r
发射机的带内发射功率	接收机阻塞
发射端杂散信号	接收机同频干扰
	接收机异频干扰
	接收机互调
	接收机阻塞
发射端交调信号	接收机同频干扰
	接收机异频干扰
	接收机互调
	接收机阻塞

（2）发射端 P_s 和接收端的 I_r 的数值来源

两个来源：协议上规定的指标值、各厂家实际测试的设备性能值。

基站和终端都有发射机和接收机。相关协议中规定了基站或终端作为发射端的带内最大发射功率，在某些频率范围内最大允许产生的杂散信号和交调信号；同时也规定了基站或终端作为接收机何时可能被阻塞，能承受何种同频干扰、异频干扰、互调干扰。也就是说，协议上规定了发射机的带内发射能力、带外允许产生干扰水平和接收机的各种干扰抑制能力。

发射机产生的带外干扰越小越好，接收机抑制干扰的能力越大越好。但网络设备厂家和终端生产厂家设计和生产的各种设备发射能力和接收能力不一，和协议上规定的要求不一样。基本上都宣称自己的设备能力高于协议规定的值。在进行室分系统天线设计时，最好有设备的相关测试指标值。

由于发射端发射可能导致接收端干扰的信号有多种，在接收机上作用的机理也有很多种，做隔离度分析时，会有很多组合。当然，多种隔离度计算出来后，需要取较大的隔离度作为最终的设计值。

A 和 B 两个系统共存，涉及可能相互干扰的设备有 A 终端、A 基站、B 终端、B 基站，可能存在的干扰见表 6-3。

表 6-3　A 和 B 两个系统共存可能存在的干扰

A 系统对 B 系统的干扰	B 系统对 A 系统的干扰
A 终端干扰 B 基站	B 终端干扰 A 基站
A 终端干扰 B 终端	B 终端干扰 A 终端
A 基站干扰 B 基站	B 基站干扰 A 基站
A 基站干扰 B 终端	B 基站干扰 A 终端

（3）隔离度分析公式应用关键点

对于发射端 P_s、接收端 I_r 的具体数值，无论从协议上查到，还是从实际设备中测试获取，都应明确这些数值的三个要素：

1）数值适用的频率范围。

2）计算带宽 BW。

3）功率电平（绝对值或相对值）。

在明确相关数值的三要素后，应用隔离度分析公式时还需注意以下两点：

1）同一频段。发射端 P_s、接收端 I_r 应是同一频段范围的数值。否则，发射的干扰信号影响不到接收机。

2）同一带宽。发射机相关数值的带宽和接收机相关数值的带宽应一致。如果不一致，则需要换算。

（4）举例说明

多系统干扰产生的机理有很多种，两个系统可能发生干扰的设备组合也有很多种，这样一组合，会有数十种隔离度需要分析，工作量还是很大的。读者只要知道隔离度分析的思路便可。

这里举一个 GSM 基站对 LTE F 频段（1880～1920 MHz）基站杂散干扰的例子说明一下隔离度分析的过程。

1）查协议可得：GSM 900 基站在 1880～1920 MHz 频率范围内的杂散信号指标是 -30 dBm/3 MHz。

2）根据同一频段、同一带宽的原则，现在频率范围是 LTE 的 1880～1920 MHz，而 LTE 无线信号的带宽为 20 MHz，所以杂散信号指标需要转换，即

$$-30\,\text{dBm}/3\,\text{MHz} = -30\,\text{dBm} + 10\lg\left(\frac{20\,\text{MHz}}{3\,\text{MHz}}\right) \approx -22\,\text{dBm}$$

3）从表 6-1 可知，当灵敏度下降 0.1 dB 时，LTE 在 1880～1920 MHz 频带范围内，

20 MHz 带宽最大允许的干扰值是 -115 dBm/20 MHz。

4）隔离度计算：

$$D = P_s - I_r = [-22 - (-115)] \, dB = 93 \, dB$$

（5）LTE 和其他系统共存的隔离度参考表

多系统共存的情况涉及不同系统的不同设备之间、不同干扰机理的多种隔离度。在实际工程中，要选用隔离度值最大的那一个。中国移动 TD-LTE 的室内覆盖使用 E 频段，2320～2370 MHz，共 50 MHz 带宽。表 6-4 是 LTE 的 E 频段与其他系统共存时，按照协议分析得出的隔离度参考值。

表 6-4　LTE E 频段和其他系统共存的隔离度参考

干扰类型	TD-LTE 频段	干扰方向	cdma 1X	GSM	DCS	WCDMA	cdma 2000	TD-SCDMA（A 频段）	TD-SCDMA（F 频段）	WLAN
杂散干扰隔离度	E 频段	TD-LTE 作为干扰源	29	29	29	31	31	31	31	87
		TD-LTE 作为被干扰系统	87	82	82	31	87	31	87	81
阻塞干扰隔离度	E 频段	TD-LTE 作为干扰源	76	38	46	61	65	61	61	96
		TD-LTE 作为被干扰系统	27	30	30	27	27	28	28	35

由于中国移动 TD-LTE 室内频段与 WLAN 频段邻近，TD-LTE 基站对 WLAN AP 的阻塞和杂散干扰，TD-LTE 终端对 WLAN 终端的阻塞干扰，WLAN 终端对 TD-LTE 终端的杂散干扰，三种干扰场景影响都较大，故隔离度要求较高。

TD-LTE E 频段与 WLAN 在室内共存时，要满足一定干扰隔离要求，采用如下规避措施：

1）**频率协调**：优先选用 E 频段中的低频点部署 TD-LTE。

2）**合路器隔离度要求**：与 WLAN 合路的 LTE 天线，其合路器隔离度至少为 90dB。

3）**空间隔离要求**：不和 WLAN 合路的 LTE 天线安装位置与 WLAN AP 天线隔离度为 1.5 m 以上，具备条件的应当在 3 m 以上。

4）**增加滤波器**：在 TD-LTE 信源端和 WLAN AP 端各自增加滤波器。

5）**提高 WLAN AP 阻塞指标和 WLAN 终端的阻塞指标**：提高 WLAN AP 阻塞指标，在 2370 MHz 处可抵抗功率 -24 dBm/20 MHz 干扰信号；提高 WLAN 终端阻塞指标至 -20 dBm/20 MHz 干扰信号。

6.2.3 异系统天线距离

在室内分布系统中，异系统共存，在不共天馈的情况下，异系统天线之间应该离开一定的距离，以满足隔离度的要求。

这里需要注意的是，异系统隔离度是指从 A 系统信源的机顶口到 B 系统信源的机顶口之间的隔离度，包括室分系统的损耗和空间损耗。也就是说，空间隔离度只是异系统隔离度的一部分。

空间隔离度的计算公式如下：

1）水平方向隔离为

$$D_{\mathrm{H}}(\mathrm{dB}) = 22 + 20\lg\left(\frac{d}{\lambda}\right) - (G_{\mathrm{t}} + G_{\mathrm{r}}) \tag{6-9}$$

2）垂直方向隔离度为

$$D_{\mathrm{v}}(\mathrm{dB}) = 28 + 40\lg\left(\frac{d}{\lambda}\right) \tag{6-10}$$

举例来说，某一楼宇已经存在其他运营商的 GSM900 室内分布系统，从信源机顶口到天线口的损耗为 25 dB，天线的增益为 1 dBi。现在要新建一个 LTE E 频段的室内分布系统，从信源机顶口到天线口的损耗为 30 dB，天线的增益也为 1 dBi。在灵敏度允许恶化 0.1 dB 时，隔离度要求为 82 dB，天线都在顶棚布放，问 LTE 天线应该离 GSM 天线多远。

先计算一下水平空间隔离度的需求：

$$82\,\mathrm{dB} - 25\,\mathrm{dB} - 30\,\mathrm{dB} = 27\,\mathrm{dB}$$

于是有

$$D_{\mathrm{H}} = 22 + 20\lg\left(\frac{d}{\lambda}\right) - (G_{\mathrm{t}} + G_{\mathrm{r}}) = 22 + 20\lg\left(\frac{d}{0.125}\right) - (1+1) = 27$$

解得

$$d = 0.3\,\mathrm{m}$$

所以，LTE 的天线水平离 GSM900 的天线大于 0.3 m 时，可以满足隔离度要求。

6.3 隔离有度、前后有别——多系统合路方式

利用已有 2G、3G 室内分布系统建设 LTE 分布系统，或者建设多制式室分系统时，需要考虑天馈系统共用问题。

多系统共用天馈系统有两个关键点：合路器的选择、合路点的选择。合路器的选择讲究"隔离有度"；合路点的选择讲究"前后有别"。

首先是合路器的选择。

选择合路器要注意合路器的频率工作范围是否支持要合路的所有无线制式，多制式合路器端口之间的隔离度是否满足要求，表 6-5 是多制式共天馈的合路器隔离度要求的参考值。注意：作为干扰源（列）或者被干扰系统（行）的隔离度要求可能不一样，使用时要选择要求最大的。

表 6-5　多系统共天馈的合路器隔离度要求参考值　（单位：dB）

不同制式	PHS	WCDMA	TD-SCDMA	DCS1800	GSM	WLAN	LTE
PHS/300 kHz	—	81	70	81	81	87	87
WCDMA/3.84 MHz	81	—	33	33	33	89	89
TDSCDMA/1.28 MHz	93	33	—	33	33	89	89
DCS1800/200 kHz	79	29	29		77	87	87
GSM/200 kHz	79	29	29	67	—	89	89
WLAN/20 MHz	79	84	84	84	84	—	90
LTE E/20 MHz	79	84	84	84	84	90	—

然后再看合路点的选择。

合路点应该根据信源功率的不同、路由损耗的大小、天线口功率和边缘场强的要求来选择。

合路点的选择有两种方式：前端合路和后端合路。

（1）前端合路

两个（或多个）无线制式信源先合路，再馈入室内分布系统，共用主干路由，如图 6-10 所示。

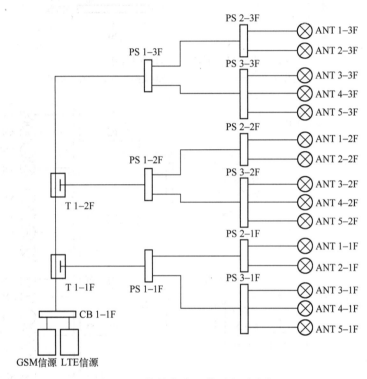

图 6-10　前端合路（共用主干路由）

前端合路方式的优点是不需对室内分布的天馈系统做大的改造，便于快速部署。但缺点也很明显，由于 LTE 制式和 WLAN 制式采用的频率比较高，共用主干路由的方式对于这些制式来说，损耗过大，有可能造成天线功率不足，无法满足边缘覆盖电平要求的问题。

前端合路方式主要应用在面积较小，覆盖范围较少的中、小型建筑物，如小型写字楼、中小型商场、咖啡厅、酒吧、舞厅等场所。

有的楼宇，原有 2G 室分系统为有源系统，也就是说，在主干或分支上使用了干放等有源器件，这样的有源器件无法多系统共用。如果一定要使用干放，应该每个制式都使用一个，使用两个合路器的将两个干放接入，如图 6-11 所示。

（2）后端合路

新合入系统新建主干路由，在平层处靠近天线端和原有系统合路，共用平层分布系统，而主干路互不相干，如图 6-12 所示。

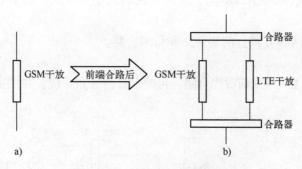

图 6-11 有源系统的前端合路

a) 原有室分系统使用干放的支路 b) 支路改造支持两个系统

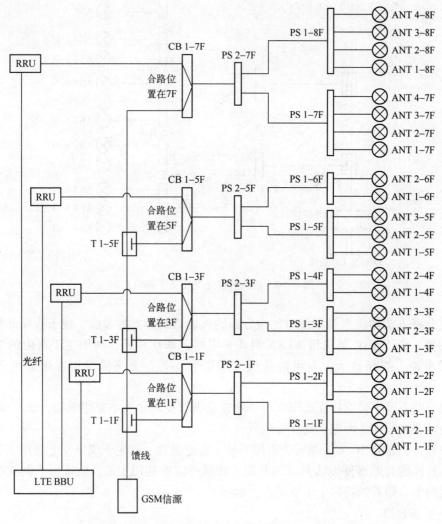

图 6-12 后端合路（共用支路天馈）

后端合路的优点是新合入系统的信源拉远单元靠近天线,主干使用光纤,节约了主干的馈线损耗,工作频率较高系统比较容易保证天线口功率,从而保证室内覆盖的效果。如果原有室分系统主干上使用了干放,这种合路方式可以轻松绕过,工程上可以避免对原有主干馈线的改造。后端合路方式便于天线口的多制式功率匹配。

后端合路的主要缺点是需要增加更多的合路点,比前端合路对原有系统的影响大;另外,也需要较多的信源、合路器,增加一些器件成本。

后端合路主要用于面积较大、话务量集中的大中型建筑物,如大型写字楼、住宅高层、大型场馆等场景。由于 LTE、WLAN 使用的频点较高,室分系统引入建议采用后端合路的方式。

第 7 章

是"单"还是"双"——LTE 室内分布系统建设

是"单"着还"双"？这是个问题。"单"有"单"的郁闷，"双"有"双"的烦躁。"单"的好处是成本低，对空间要求随意，但是真有事情的时候处理起来还是忙不过来；"双"的好处是处理事情的效率高多了，但投入的成本也大了，占用的空间也多了，时不时还会出现一些协调配合的小矛盾（见图 7-1）。

"单"的成本低。

"双"着效率高

图 7-1 是"单"还是"双"

读者朋友们不要想歪了，我们这里描述的"单""双"状态是指 LTE 采用单路 MIMO，还是双路 MIMO 的问题。

移动通信行业的两大发展趋势是，无线宽带化趋势（从 2G 的 200 kHz、3G 的 5 MHz 或 1.6 MHz，再到 4G 的 20 MHz）和宽带无线化趋势（从传统 LAN 到 WLAN、WIMAX）。这两种趋势共同作用在 LTE 的室分网络建设的方案上，再加上物联网技术的不断发展，智慧城市、万物互联需求的不断增长，室分系统越来越成为满足终端用户对高速业务和丰富应用的主要场景。

传统电信网和互联网从接入手段到业务应用的融合，必然对基础通信网络提出更高的要求。广播电视网，长期以来人们习惯了它提供的视频类节目，却没有认为它和通信网有什么联系。5G 网络技术的不断成熟，对落地国家的"三网融合"的发展战略，将会有重大的促进作用。移动通信网、广播电视网、互联网在网络演进发展的过程中，必会实现终端融合、接入方便、传输互通、应用共享。广播电视网融入下一代通信网络，必将为传统的电信网络、互联网提供丰富的业务内容；电信网络、互联网融入广播电视网，必将为其提供更加便利的接入手段。

不可否认，在三网发展和演进过程中，室内必然是视频电话、视频流媒体、在线游戏等高速数据业务使用的主要场景。因此，室内分布系统必将向支持 LTE、5G、支持三网融合的方向发展。

7.1 "分布" 什么——基站还是天线

LTE 实现大容量、高带宽的关键技术之一是多入多出（MIMO）天线系统。如果有些室内场景不需要支持 MIMO，那么 LTE 与已有制式的室分系统的覆盖方式非常类似。

但是，LTE 建设的目的就是提供大容量、高带宽。如果不使用 MIMO，网络的性能就会大打折扣。

室内分布系统在规划设计和施工建设时，最大的困难就是 MIMO 技术的具体落地。具体地说，MIMO 技术为了提高吞吐量，需要多天线配合才能发挥作用，它比传统的室分系统需要更多的天线挂点，这会给施工建设带来困难。

随着微小功率基站的普及，室内分布系统在 LTE 和 5G 时代，"分布" 二字的宾语，需要重新注意，可以分布的是基站系统，也可以是天线系统（见图 7-2）。

图 7-2 什么在 "分布"

7.1.1 LTE 单通道室分模式

单通道即为一套天馈分布系统，每个天线点采用一副单极化天线。每个室内终端只有一条射频传输链路，只和一根吸顶天线进行信号的发射和接收。如图 7-3 所示。

LTE 室分单通道方案，只需要 LTE 信源和 GSM 信源或 3G 的信源通过宽频合路器（支持 LTE 室内频段）馈入相同的分布系统便可，如图 7-4 所示。若有需要，还可增加 WiFi 的相关信源馈入；但当 WiFi AP 输出功率受限时，需在天线近端合入室内分布系统。室内天线分布系统包含馈缆、功分器、耦合器和无源天线等器件，如图 7-5 所示，器件频段参数均需满足 LTE 室内频段的要求。

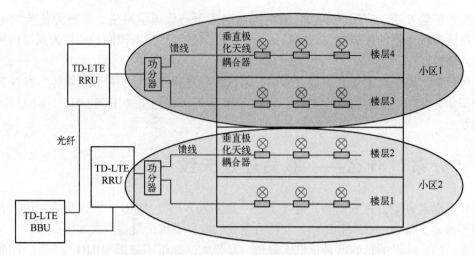

图 7-3　LTE 单通道室分模式

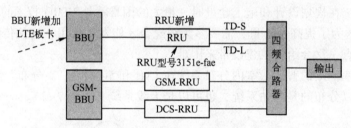

图 7-4　LTE 信源合入已有室分的方式

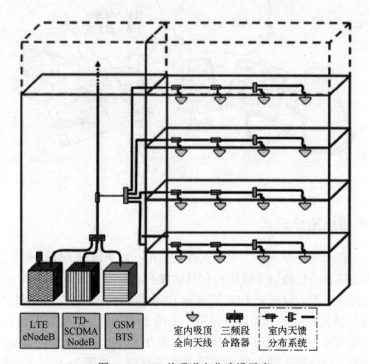

图 7-5　LTE 单通道室分建设示意

LTE 室分单通道模式, 本质上是一种单入单出 (SISO) 系统。这种建设方式, 主要适合利用旧 2G 和 3G 室分系统的场景, 部署快, 成本低, 适合规模较小、对数据需求不高或难于进行室分改造的场景。但缺点是升级困难, 无法发挥 LTE 多入多出 (MIMO) 系统的峰值速率高、性能体验好的优势。

7.1.2 LTE 双通道室分模式

一般来说, LTE 室内覆盖是由多套分布式天馈系统叠加组成的, 如图 7-6 所示。LTE 室分双通道模式, 通过两套天馈分布系统实现, 即双 DAS 结构, 如图 7-7 所示, 每个天线点, 可采用两副单极化天线或者使用一副双极化天线。这种 LTE 双通道室分模式, 可以支持 2×2 MIMO (2 入 2 出) 技术。

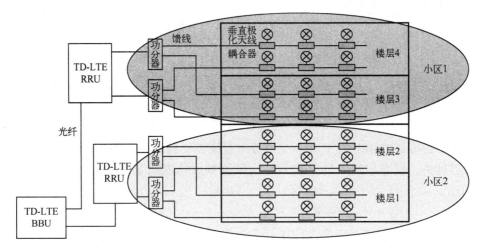

图 7-6　LTE 双通道室分模式

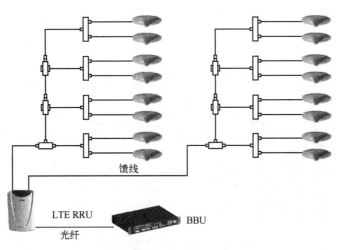

图 7-7　LTE 双 DAS 结构

LTE 的双极化室内型天线, 是专门为 MIMO 技术应用在室内而设计的天线。它用一个天线就满足了 LTE 两个天线才能实现的效果, 可以带来 3 dB 的极化分集增益, 增加了室内覆盖的效果，提高了系统容量，可以减少室内分布系统建设的工作量。

在 TD-LTE 双路中，一路新建一套天馈系统，另一路通过宽频合路器（支持 LTE 室内频段）与其他系统共用天馈系统，如图 7-8 所示。应通过合理的天馈设计，确保两路分布系统功率平衡，两者误差不超过 3 dB。

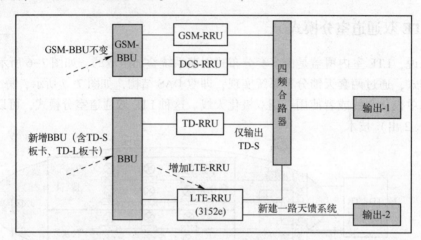

图 7-8　LTE 双路（一路合入已有室分，一路新建）

LTE 主设备需新增 BBU 及 RRU，天线分布系统需要新增一路馈缆、功分器、耦合器和无源天线等器件，新增和利旧的射频器件，频段参数均需满足 LTE 室内频段的要求，如图 7-9 所示。

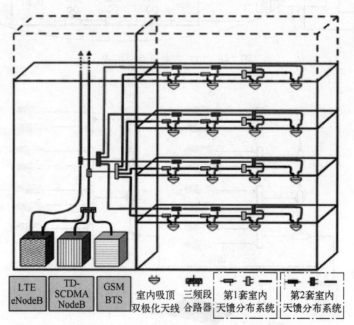

图 7-9　LTE 双通道室分建设示意

LTE 双通道室分模式，可以充分发挥 LTE MIMO 性能，能够部分利用现有 DAS 系统，小区的平均吞吐率和单用户峰值体验速率比单通道模式高很多，但是双通道模式，由于天线挂点需求较多,增加了射频器件需求,增加了土建工程量,施工难度大,建设和运维成本高,适合容量需求大、用户业务要求高的区域。

7.1.3 单双通道优缺点对比

LTE单双通道优缺点对比见表7-1。

表7-1 LTE单双通道优缺点对比

比 较	双 通 道	单 通 道
方案	需布放两路天馈系统,实现MIMO技术	利旧或新增布放单路天馈系统
优点	双天馈支持MIMO特性,用户峰值速率和系统容量获得提升	对原分布系统影响最小,改造工程量小,投资成本较低
缺点	双路天馈系统施工难度加大,双路功率平衡要求高;投资成本高	用户的峰值速率、系统容量受限,无法发挥MIMO优势
适合场景	适用于对业务高速率的需求,容量需求高的场所,分布式系统可改造的楼宇	用户峰值速率/容量要求不高,双通道改造难度大的楼宇;解决有LTE的需求

7.1.4 LTE DBS+DAS模式

传统的室内分布系统是指天线系统的分布(Distributed Antenna System,DAS)。LTE和5G,会出现很多微小功率基站,因此LTE和5G的室内分布系统,可以是基站系统的分布(Distributed BaseStation System,DBS),也可以是天线系统的分布(DAS),还可以是基站分布DBS和天线分布DAS结合的分布系统,如图7-10所示。

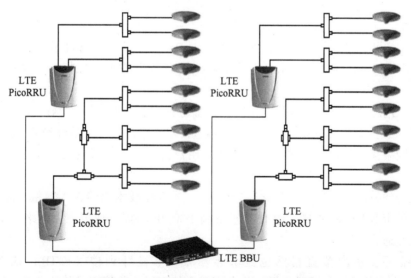

图7-10 "信源分布"和"天线分布"结合

7.2 旷世"三角恋"——三网融合

三网融合是指电信网、广播电视网、互联网的融合，这里的"融合"更多是从为终端用户统一服务的角度上说的融合，而不是"网络"上的合一。具体来讲，融合应该是指三个网络的"业务内容"资源共享，彼此互联互通，用户接入方式灵活。对于运营商来说，不同的网络平台都可以提供丰富的业务内容；对于最终用户来说，使用任何终端都可以享受打电话、上网和看电视等不同业务，也就是说，对用户而言，三网融合是"一站式""一揽子"的服务解决方案，如图 7-11 所示。

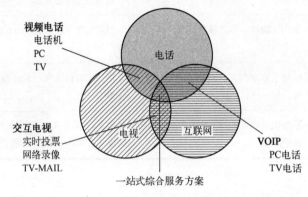

图 7-11　三网融合一站式服务方案

"三网融合"一词源于国外的"Triple play"，当时的概念仅仅是一个公司层面的通信网络营销业务模式的整合。而在我国，由于这三网涉及到不同的利益相关方，三网融合一提出来，就是国家层面的一个大战略、大概念、大趋势。

"三网融合"的概念，最早见诸于 2001 年国家出台的"十五计划纲要"，2008 年以来，国务院先后批转的关于数字电视产业发展、深化经济体制改革等一系列文件中都将三网融合列为重要举措；2010 年 6 月，国务院正式推出了三网融合方案及试点城市，三网融合基本形成了具有一定共识性的"定义"；2015 年 8 月 25 日，国务院出台了《三网融合推广方案》，明确了三网融合在 4G、5G 时代移动互联网背景下的工作目标、主要任务及其主体责任。

国家对三网融合规划的目标是电信网、广播电视网、互联网三大网络在向宽带通信网、数字电视网、下一代互联网演进的过程中，通过技术改造，其技术基础趋于一致，业务范围趋于相同，网络互联互通、资源共享，最终为用户提供统一多样的语音、数据和广播电视服务。

三网融合的技术基础是"光纤化""IP 化"。光纤化技术为传送大容量、高速率的业务提供了必要的带宽和传输质量，IP 化技术采用 TCP/IP 协议，使得三大网络以 IP 协议为基础实现互联互通。

三网融合后，室内覆盖自然也是非常重要的。光纤到楼（FTTB）或者光纤到户（FTTH），逐渐取代现有的同轴电缆，为三网融合的室内覆盖奠定了传输基础。"光进铜退"是三网融合进程的伴随过程。

下面介绍两个三网融合后室内覆盖可能的方案。

（1）三网融合室内覆盖的方案一："共享应用、接入手段利旧"

电视仍以使用同轴电缆的方式；电脑通过有线或无线的方式接入互联网；手机通过室内分布系统接入移动网络。但不管哪个网络的终端，都可以使用电视、互联网、移动网上的各种业务。这就要求各个网络的终端数字化、智能化，能够兼容三网的业务，如电视可以支持视频交互、视频上网等功能，手机或电话可以看电视、上网，电脑也可以看电视、打电话。

（2）三网融合室内覆盖的方案二："一点接入、共享应用"

终端已经实现了数字化、智能化，兼容三网业务。在室内布放一个三网融合的综合接入点，统一为电脑、电话、电视提供有线接入，同时可为手机、电脑或电视提供无线接入，实现有线无线的统一接入。通过这个统一的接入点，根据申请的业务类型，分别和广播电视网、互联网、移动电信网通信，如图 7-12 所示。

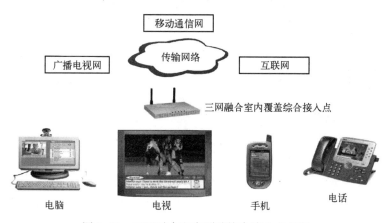

图 7-12　三网融合室内覆盖综合接入点方案

三网融合的愿景是美好的，但由于三个网络各自的经济体量、产业背景、责任主体差别较大，在实施的过程中，一定会碰到很多非技术困难。三网之间这场旷世的"三角恋"，在"家长"的全力撮合下，需要克服重重困难，最终才会功能圆满，喜结连理。

7.3　"热点"秘籍——LTE-Hi

LTE-Hi（LTE for Hotspot and Indoor）是 LTE-Advanced（LTE-A）的演进技术，是微小功率基站 LTE Small Cell，采用分布部署的方式，解决热点区域数据业务流量的一种技术。

3 GHz 以下适合移动通信的频率非常有限，为了进一步增大热点覆盖的系统带宽，LTE-Hi 主要部署在 3.5 GHz 或更高频段上，如毫米波。这一点和 5G 一样。

LTE-Hi 的目的是满足更高性能、更低成本、更多流量的需求。由于高频的电磁波，覆盖能力较差，但容量能力强，频率资源丰富，非常适合部署在室内或热点场景（见图 7-13）。

LTE-Hi 系统是小覆盖、高吞吐量、低移动性、架构优化、组网灵活、低成本 LTE 演进方案。因此，LTE-Hi 的"Hi"包括多种含义，如 Hotspot and Indoor、Higher frequency，High bandwidth，Higher performance 等。

图 7-13　LTE-Hi 使用场景

7.3.1　两种技术路线

在 LTE 时代，增大带宽、增加小区密度、提高频谱效率，是人们能够想到的应对室内热点业务需求的有效方法。为了满足移动宽带进一步发展需求，在 LTE-Hi 的发展过程中提出了两种技术路线：

1）MBB=LTE+WiFi，LTE 和 WiFi 互补的模式，即 LTE 主要解决移动场景下的数据需求，支持宏覆盖和无缝切换，而 WiFi 作为主要的室内移动宽带数据业务接入方法，和 LTE 长期融合发展。

2）MBB=LTE+LTE 高频热点增强（LTE-Hi），在已有 LTE 宏网保证覆盖的基础上，在 3.5 GHz 频段引入更高密度的低功率节点，实现容量的增强，以满足室内热点场景的大数据量需求。

7.3.2　六种关键技术

LTE-Hi 主要的特征是高频段、大带宽、小覆盖、多频段多层次异构组网，涉及到很多关键技术，如下所示。

（1）TDD 上下行自适应技术

TDD 双工方式与 FDD 相比，具有可灵活地进行上下行比例配置的优势，非常适合 IP 分组业务等非对称业务的传输。

LTE-Hi 可以结合系统应用场景的具体特点，根据业务情况和性能评估的结果，进行子帧的重配置，进行灵活的上下行资源比例调整，从而提升小区和用户吞吐量，降低业务传输时延，提升用户体验。

（2）增强的多小区干扰协调技术

小区间的干扰协调不仅仅是频域和时域上的协调，LTE-Hi 需要利用底层技术进行干扰协调和干扰消除，如功率协调、空口同步技术等。

功率上，基于用户位置、多小区上行干扰情况、用户业务类型控制用户的发射功率、调制编码方式，将功率控制和自适应调制编码结合起来，实现有效的上行干扰抑制。

同步协调是指小区之间可以通过空口监听的方式，实现小区间同步，当小区间干扰较大时，适当通过集中式或者分布式的协调方法调整时钟，保证不存在过大的上下行干扰。

（3）热点MIMO增强技术

现有的MIMO技术主要是针对宏小区场景设计的。增强MIMO技术需要针对热点覆盖场景中终端移动性较低的信道特性，进行优化设计，包括高阶MIMO、上行MIMO增强。还可以通过CSI反馈增强、参考信号RS重新设计、控制信令与反馈信道的重设计来支持增强MIMO技术。

（4）高频新载波设计

LTE/LTE-A物理层的子载波间隔设计、CP长度、同步精度、多址方式、调制编码方式等在高频热点场景下，冗余度较大，系统效率不高。针对高频段、小覆盖场景，覆盖半径通常在100 m以内，用户通常为静止或者3 km/h以下的移动速度，在这些场景下，LTE-Hi对子载波间隔、CP长度、同步精度、多址方式、调制和编码方式进行重新优化。

（5）绿色节能技术

LTE-Hi网络侧的节能方法如下：

1）基站间协作的密集组网场景下，在业务需求量降低时，可以通过基站间协调，让部分基站下行处于静默态，同时扩大剩余基站的覆盖范围。

2）降低天线端口数，直接关闭部分功放。

3）根据业务特性和数据量，基站在部分子帧不进行数据收发。

终端侧的节能技术如下：

1）DRX机制：在热点场景中，可以考虑比传统方式更大的DRX周期，或基于业务特性的DRX机制，实现精准的终端能耗控制。

2）子帧静默：通过MBSFN子帧配置、blank子帧配置等方式，使终端在特定子帧，不进行接收和解码，降低终端能耗。

（6）优化的网络接入方式

用户数据可以直接在本地IP接入，而控制面根据QoS、移动性的要求按照宽带IP网络思路进行简化。

7.3.3 LTE-Hi的优势小结

与传统的室内分布系统方案工作在较低频段不同，LTE-Hi不但可以利用高频段提升整网容量和频谱效率，而且还可以在小范围内提供高速率接入服务。LTE-Hi系统作为LTE系统的室内热点覆盖优化方案，与LTE宏蜂窝网络配合工作，既增大了小区密度，又提升了系统容量。

LTE-Hi系统的优势概括为以下几个方面：

1）更大的系统带宽、速率和小区密度。

2）业务自适应的子帧动态配比技术，更灵活的系统配置。

3）简化的系统架构。

4）更高的频谱利用率和系统效率。

5）更低的系统开销和功耗。

第 **8** 章

入乡随俗——多场景室内分布设计

所谓"入乡随俗"，实际包含两层含义：首先，人类都有吃穿住行的物质需求和被尊重、被认可的情感需求；但是，不同的地方环境和不同的文化特点，满足物质需求和情感需求的形式及途径是不一样的。也就是说，要普遍性和特殊性相结合。

室分系统的建设也是如此，前面介绍的一般勘测、规划原则和方法在任何场景都是适用的，但是不同场景建设的室分系统的具体重点和难点不同，所以工作的重点内容和实现途径有所区别。

不管什么样场景的室内分布建设，都需要勘测无线环境、天线信源安装条件、传输供电条件，进行覆盖估算、容量估算、干扰抑制、切换设计等工作。但是，不同场景的具体条件不同，考虑问题的侧重点不同，要区别对待。下面分别介绍。

8.1 兵家必争——商务写字楼/高级酒店

一般的大型商务写字楼和高级酒店的覆盖面积在 10000 m^2 以上，楼层数在 15 层以上，高端用户所占比重大，小流量高价值业务需求较大。办公区和客房区一般都布置了有线宽带或者 WiFi，低价值大流量业务一般会通过有线或 WiFi 完成；而一些商务区、会议区用户集中，数据业务需求量较大，有线连接不大方便，对无线接入点的需求较为强烈。

商务写字楼和高级酒店的共同特点有以下几点：

a)   b)

图 8-1　重点楼宇通信要求

a）商务写字楼　b）高级酒店

1）整个楼宇可以划分为不同的功能区：一楼大厅、咖啡厅、餐厅、商务中心、会议室、坐席区、客房区、电梯区。

2）高端用户多，数据业务需求较大，话务分布变化大。

3）兵家必争之地、多种无线制式共存。

总地来说，商务写字楼和高级酒店功能区覆盖和话务特点确定分布系统的建设方案。下面重点介绍一下。

8.1.1　不同功能区覆盖方案

商务写字楼和高级酒店不同楼层的功能不同，覆盖需求和容量需求不同，需要分别进行计算。商务写字楼的会议区和商务区的话务比重大，其他区域的话务较少；高级酒店低层的商务区和消费区的话务量占比较大，高层客房的话务量占比较小。

在酒店和写字楼内建设室内分布系统，一般不存在天线无法安装、走线困难等问题，如存在也可通过多种合作协议解决物业协调困难的问题。

在酒店和写字楼的走廊区域，可以考虑每隔 15~20 m 安装一个吸顶天线，信号强度保证能够克服一堵墙的损耗。而在办公区和会议区，要考虑板状天线靠墙安装的方式。

由于数据业务需求较多，一般需要配置多个 LTE 载波；在商务区、消费区，还可以使用 WLAN 来承担大流量低价值用户的数据业务需求。在有室分系统的场景中，WLAN 可以通过共用室分来完成覆盖；在没有室分的场景中，WLAN 采用室内放装型 AP 来进行覆盖。对于大厅、大型会议室、多功能厅，每个 AP 覆盖 150 m^2 的范围。

室内分布系统小区的划分主要考虑的是要适应话务。随着话务的浪涌和话务的迁移合理地进行小区的合并和分裂。

为了适应话务分布的变化，可以通过小区覆盖范围的动态调节来适应。小区合并扩大小区覆盖，或者通过小区分裂来提高网络容量。

在商务写字楼和高级酒店，可以根据覆盖范围和话务分布划分为 2 个或 2 个以上的小区。覆盖楼层少但话务量大的功能区可以划分为 1 个小区，客房区或者办公区一般 10 层左右可划为一个小区，当然也要看单层面积大小和话务量大小。

8.1.2　原有室分系统的改造和合路

商务写字楼、高级酒店是各家运营商的必争之地，现在一般都存在 2G、3G 的室内分布系统应用。如果要引入 LTE 制式或者 WLAN 制式，可以考虑与现有的 2G、3G 系统共用室内分布系统。

要想引入 LTE 制式，原有的室内分布系统必须进行宽带化改造。原有的射频器件（馈缆、合路器、功分器、耦合器、天线等），如不满足 LTE 室内频段的要求，都需要更换为相应的宽频器件。

如果原有大楼 GSM、3G 天线的密度不足，LTE 合路后，弱覆盖现象会比较严重，需额外增加天线数目。现网有 70%~80% 楼宇需要增加天线数目。天线数目增加的比例在 30% 左右。

GSM、3G 制式与 LTE 的合路，为了抑制干扰，要选择多系统间互干扰隔离度满足要求的合路器。

LTE 制式尽量不用干放，所以在 GSM 干放有应用的场景，要选择恰当的合路点，绕过 GSM 的干放。在合路点的选择上，还要考虑 LTE 引入后，天馈系统的损耗问题。尽量选择后端合路，即靠近天线端引入 LTE 系统，如图 8-2 所示。因为在商务写字楼或高级酒店中，楼层高，话务量大，而 LTE 的频段较高，衰耗较大，在前端合路（远离天线端），不容易满足覆盖要求。

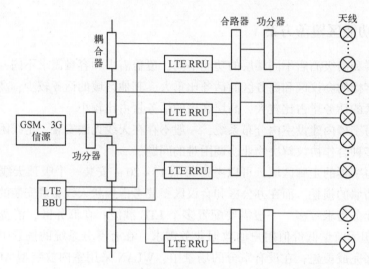

图 8-2　高级酒店、写字楼 LTE 后端合路方式

8.2　和谐与美化——别墅小区、高尚社区

一般的别墅小区和高尚社区建筑密度低，楼层少，建筑物较矮，周围绿化面积大，如图 8-3 所示。楼宇间距宽阔（一般在 30 m 以上）；建筑物多为框架结构的板楼，墙体薄，穿透损耗相对较小。这些场景的高端用户多，对数据业务质量要求高。

图 8-3　别墅小区环境

这类场景的覆盖难度不大，话务趋势较为平缓，这个场景最大的特点是 VIP 用户较多，需要较多重视。

别墅小区、高尚社区对周边环境要求较高，用户不希望看到视野范围内的辐射污染，一般需要选用和自然环境相和谐的伪装天线或者美化天线，如图 8-4 所示。

图 8-4　别墅区美化天线

别墅小区、高尚社区的重点覆盖区域主要是住宅内部，由于穿透损耗较少，一些规模不大的社区完全可以使用室外的宏站或微蜂窝进行覆盖。如果社区规模较大，则可以通过建设室外分布系统来保证该场景的覆盖质量，但相应的建设成本会增加。

8.3　高处不胜寒——高层住宅/居民生活小区

高层住宅小区或者居民生活小区多为钢筋混凝土框架结构，楼宇高度一般大于 15 层，如图 8-5 所示。根据小区规模的不同，有的是成排成列的多栋楼宇，还有一些是单栋高层建筑或者单排高层建筑。在通常情况下，越高层的住宅、越高档的社区，前后楼间距越大。

图 8-5　住宅高层

这样的楼宇形状一般接近长方形，钢筋混凝土的墙体厚度大（南北方有些差别），住户通常都要安装穿透损耗较大的防盗门，无线信号的穿透损耗较大。一般情况下，生活小区不允许室分天线入户安装，单靠楼宇内公共区域的天线很难覆盖到多堵隔墙的深处。

8.3.1 高层覆盖问题

室内分布系统建设的不足，可以通过室外分布系统的建设来弥补。在生活小区里的道路两旁，使用伪装成路灯的天线覆盖室外区域和楼宇内底层住户靠近窗边的区域。

问题的关键是楼宇高层怎么办？通过地面的伪装天线很难覆盖到楼宇高层。大家自然想到，在楼宇的顶层或中高层安装伪装天线，覆盖对面楼宇，如图 8-6 所示。当然，在顶层安装天线，容易导致信号外泄，影响周边其他小区。所以最佳的位置是在楼宇的高度的 3/4 处，并考虑一定角度的下倾。

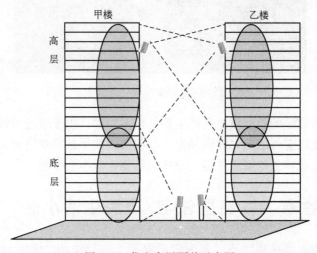

图 8-6 住宅高层覆盖示意图

问题好像解决了，但是通过现场对高层住宅覆盖效果的调查发现，多数楼宇弱覆盖问题和导频污染问题仍然非常严重。正所谓"高处不胜寒"，高层的无线电波不仅自身体力不支，而且经常还和远道而来无线电波互相打架（见图 8-7）。

图 8-7 高层住宅的通信难题

为什么会出现"高处不胜寒"的问题呢?

合适的"天线挂点"难觅,无关的"无线信号"乱飘。

天线应放在什么位置? 能放在什么位置? 这不只是一个技术问题,更多的是一个"物业协调"和"无线勘测"的问题。

天线应放在什么位置? 从覆盖效果上看,覆盖高层的天线应该放在对面大楼的中高处,且对面楼宇离本楼在 30~60 m 范围内。

但天线能够放在什么位置和应该放在什么位置是两回事,有时前后楼宇间隔太大,有时楼宇外观有严格要求,有的馈线走线困难。

用于天线对打的前后楼宇间不宜间隔太大,太大的间隔会导致一般的室分天线增益不足,无法覆盖到对楼;而换用增益较大的天线安装又不方便。

有的时候高尚社区楼宇外观整洁漂亮,要求很好的一致性,不能随便安装任何东西,物业协调相当困难,所以只好退而求其次,看是否能够在楼顶安装天线。在高层楼顶安装天线最大的问题是外泄控制,因为楼层较高,天线的覆盖范围不可能控制得那么精准,稍不留神信号就有可能乱飘出去扰乱一方平安。

高层住宅的天馈走线一般也会碰到问题,你总不能把线拉在别人家里面吧! 但是有的住宅设计的楼宇阳面没有一点公共区域,弱电井、电梯井、下水通道都在阴面,楼宇阳面难以走线。这时,馈线只能绕经楼顶,然后安装在类似下水管的软管里。但这样会增加馈线损耗,降低天线口的信号功率。

在工程实际中,住宅高层天线挂点的选择,是很需要经验的,飞檐走壁、乔装打扮,无所不用其极。

8.3.2　室外宏站的配合

居民小区的高层覆盖问题不考虑周边宏站的配合是很难彻底解决的,尤其是那些天线挂点难寻、外泄难以控制的楼宇,更是如此。

解决高层弱覆盖问题,可以考虑以居民小区为中心的局部网络结构的调优。通过对室外宏站的方向角、下倾角、站高进行调整,甚至专门拿出一个扇区覆盖这个小区。

但是,室外宏站弥补高层住宅覆盖不足的前提是宏站站点距离合适,站高相差不大。如果站点过远、站址高度差别太大,很难在小区覆盖范围内形成主服务小区,而且容易导致一定范围内的导频污染。

配合居民小区高层覆盖的室外宏站尽量在小区 200~300 m 范围内选择,且站址高度在35 m 左右。当然,在实际工程中,符合这样条件的宏站站址不一定有。

总之,在室内分布、室外分布无法解决住宅高层弱覆盖问题时,需要考虑利用室外宏站的可能性,必要时可以考虑在小区附近新选站址。

8.3.3　住宅高层覆盖的思路

住宅小区室分系统的天线无法入户安装,需要采用室外天线进行补充覆盖。这种场景最常见的问题是高层弱覆盖和高层信号导频污染,两者本质上是一个问题,就是没有主服务小区,所以高层覆盖方案关注的重点就是明确主服务小区。

在楼宇成排成列、间隔距离恰当、物业协调没有问题的小区，采用常规的在楼宇中高层安装射灯天线或者其他伪装天线对打的方式能够明确楼宇高层的主服务小区，较为轻易地解决小区范围内高层弱覆盖和导频污染的问题，如图 8-8 所示。但小区外围还需借助室外宏站的信号进行覆盖。

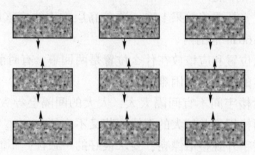

图 8-8　住宅高层射灯对打方案

如果楼宇之间的间隔大于 60 m，由于损耗加大，射灯天线增益不足，对面楼宇可能覆盖不足，尤其对 3G 无线制式来说更是如此，如图 8-9 所示。

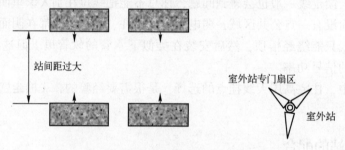

图 8-9　站间距过大的住宅高层弱覆盖的解决

首先考虑的是在高层弱覆盖楼层、导频污染楼层增加室内分布天线或室外射灯天线数目，增大天线口功率。

当增加天线口功率不能解决问题时，就需要考虑换成大增益的天线。如果大增益天线安装不方便时，就需要考虑用室外宏站的专门扇区进行覆盖。

对于独立成排的楼宇，如图 8-10 所示，没有可以用来安装射灯天线或伪装天线的对面楼宇，除了加强室内分布系统的覆盖处，还需要考虑周边合适宏站的专门扇区的覆盖，这个扇区可以用上倾的方式来覆盖高层。但上倾的方式容易导致信号外泄，对远处造成干扰，需要慎重使用。

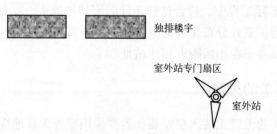

图 8-10　独排楼宇高层弱覆盖的解决

8.4 人多势众——大型场馆

会展中心、体育场馆等场景都属于大型场馆类型，大多采用钢铁骨架、玻璃幕墙，场馆举架高、面积大。大型场馆的主要活动区域都较为空旷，无线信号以视距传输为主。大型场馆的覆盖面积较大，从数万 m^2 到数十万 m^2；因覆盖区域特殊，天线选型需适应场景特点，天线挂点应满足覆盖需求。

大型场馆容纳人数众多，话务主要以事件触发为主，峰值用户数常在万人以上，属于峰值容量受限场景；在媒体区或新闻中心一般会有大量的数据业务需求，如图 8-11 所示。

图 8-11 大型场馆的通信问题

大型场馆覆盖的关键点是解决"人多势众"的问题。在大型赛事或者重要活动举办时，突发话务量大，是谓"人多"。大量的用户，空旷的传播环境，干扰杂，难以控制，可谓"势众"一；出入口人员移动量大，切换频繁，可谓"势众"二。

"人多势众"的问题需要通过小区划分、动态容量配置、干扰控制、切换设计来解决。

8.4.1 天线选型及天线挂点

大型场馆一般需要近百个天线挂点，活动区域较为空旷，为了避免信号杂乱，形成小区内或小区间的干扰，需要严格控制天线的覆盖区域。因此根据覆盖区域的形状特点，可以改变传统蜂窝形状覆盖的方法，代之以矩形覆盖。

在大型场馆天线选型时，要考虑优先选择具备波束形状控制技术的天线，可以控制天线的方向图为矩形，如图 8-12 所示。具有波束形状控制功能的天线必须对副瓣及后瓣进行严格抑制，要求半功率分界线外的功率迅速降低。

同时，要求天线外观适合大型场馆，天线尺寸便于施工安装。大型场馆中天线的尺寸和挂点受限于场馆条件。举例来说，LTE 的八通道天线阵列的尺寸过大，大型场馆内安装特别困难，一般适合选用单通道或双通道天线。另外，为了减少投资，避免重复进场及窝工废料，要采用多种无线制式共用宽频天线的方式来进行大型场馆的覆盖。在坐席区、空旷区采用少天线、大功率方式，而在工作区、办公室采用多天线、小功率覆盖。

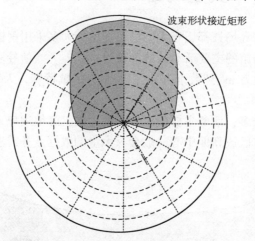

图8-12　波束形状为矩形的方向图

天线挂点，也叫作天线的安装位置，将会决定馈线的走向、长度，从而决定了馈线的损耗，进一步决定了天线的覆盖效果。

在体育场馆中，选择天线挂点可以考虑以下几种方式：

1）在顶层的钢架结构上，如图8-13a所示。

2）在座位下面的隔层结构上，如图8-13b所示。

3）在坐席区四周的探照灯区上，如图8-13c所示。

在会展中心，一般考虑在建筑结构顶层或墙壁四周悬挂板状波束赋型天线，还可以利用布展的支撑架灵活安放天线。

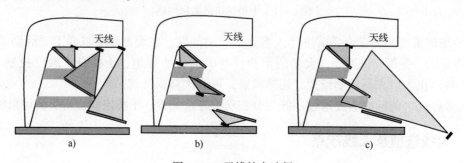

图8-13　天线挂点选择
a）天线挂在顶层　b）天线放在座位下面　c）天线放在照灯区

大型场馆的干扰主要来源有两个：一个是由于大型场馆中部比较空旷导致的系统内用户之间的干扰；另外一个是多运营商、多无线制式合路引入的相互干扰。

控制小区间和小区内用户干扰的主要方法是严格控制天线的覆盖范围，减少小区之间的重叠区域。选择方向性好、波束赋型能力强的板状天线就是干扰控制主要手段；其次是调节天线的方向角和下倾角，控制其覆盖范围。

多制式合路时，选择的宽频射频器件，必须满足不同系统间的端口隔离度要求。如果多制式分布系统不合路共存，可通过增大天线口的空间间隔来满足隔离度要求。

8.4.2　动态容量配置

小区划分的原则有两点：话务的均衡性和人员的流动性。

话务的均衡性是指各小区覆盖范围产生话务量尽量相差不大，避免出现超忙小区或超闲小区。在大型场馆的坐席区，可以按照覆盖面积等分的方式来保证均衡，但是并不能在整个场馆内简单地按面积等分，特殊区域（如媒体区、工作区、VIP 包房等区域）需要单独考虑，场地中央的非坐席区也需要单独考虑。

小区划分还要充分考虑人流的移动性特点。频繁的人员流动区不适合做分界面，如场馆的出入口，坐席区的走道部分。

举例来说，根据某体育场馆各区域的峰值话务计算，坐席区、媒体区、中央场地共需要15 个小区，小区划分的示意图如图 8-14 所示。这里媒体区话务需求量大，特殊处理一下，划分为两个小区；中央场地虽然面积较大，但产生的话务量一般，划分为两个小区可以满足。

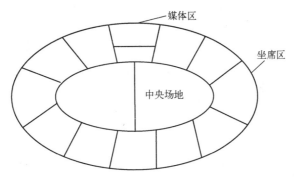

图 8-14　体育场馆小区划分举例

分区时需要考虑覆盖天线可能的安装位置。设计分区与实际天线角度控制调试测试结合起来，可以取得比较好的效果。

容量设计问题是大型场馆室内设计的重点解决问题。大型场馆的话务需求主要是以事件触发为主，在非活动期间话务需求较少。这样一个特点使得大型场馆在容量设计时，既要考虑峰值时的话务量，又得考虑在非活动期的资源利用效率。这是一个两难的问题，顾此失彼。但是可通过容量资源的动态共享做一些折中。

大型场馆需要支持几万用户甚至几十万用户的通信需求，对系统的容量要求极高，需要提供大容量的产品解决方案来解决网络容量问题。现在业界很多厂家能够提供适合大型场馆的大容量 BBU。

媒体区、办公区会有大量的数据业务需求，在设计时应该采用多小区和多载频配置，提高其容量供给。在 WCDMA 制式或者 TD-SCDMA 制式中，需要考虑配置一个或几个专门的HSDPA 载波。在 LTE 制式中，可以考虑配置多个载波，使用 CA（载波）技术。

在这些热点区域，可以考虑布置 WLAN 吸收大流量、低价值的数据业务。采用放装型AP 来覆盖，一个 AP 可以设计 $100 \sim 150 \, \text{m}^2$ 的覆盖范围，同时支持 20 个左右的并发用户数。

大型场馆主体育场和周围的功能区、休闲区的话务之间是相互流动的，这一点可以通过调查分析目标会场的人员流动场所确定。在人员流动的区域之间可以考虑共享基站资源，实现容量的动态配置，如图 8-15 所示。

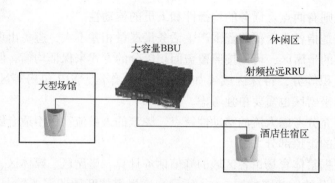

图 8-15　大型场馆的容量动态配置示意

容量的动态调度，就是提供自适应的话务调度功能，"好钢使在刀刃上"，资源用于忙点上。大型场馆的话务量随时随地变化，容量随话务自适应调度，提高了资源利用效率，适应了话务迁移的特点，节约了用户投资。

在大型活动开展时，还需准备好一定数量的应急通信车，规划好应急通信车的停靠位置。大型场馆的设备应该具备搬迁容易、安装方便的特点，以便在活动之后的设备空闲期间挪为他用，提高设备使用效率。

8.4.3　切换设计

大规模的人员流动一方面引起局部话务迁移和话务突发，另外一方面带来小区间切换量的增加，大量资源被消耗，导致网络质量恶化。

切换设计的原则是尽量少的切换保证通信畅通。要想实现切换次数最少，就必须合理地规划小区边界，避免切换区域设在话务高峰、人员流动频繁的地带，如观众席之间的走道，场馆的出入口。

在活动开始和结束期间，会有大量场外和坐席区的人员流动，如图 8-16 所示。在设计切换区域时，尽量将坐席与其对应的休息大厅设置成相同的小区，将场外小区和底层坐席区设置为同一小区，这样进入场内的人群只有一半的话务需要发生切换。

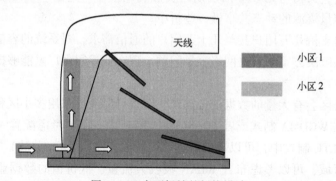

图 8-16　大型场馆的切换设计

8.5　白天不忙、晚上忙——校园

大学校园需要覆盖的区域可分为室内区域和室外区域，如图 8-17 所示。大学校园的室外区域主要是道路、广场、操场、室外运动区域和草地，一般面积较大，话务量相对较小。

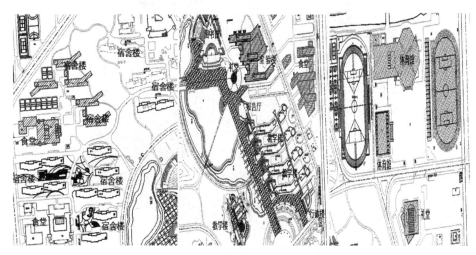

图 8-17　大学校园不同区域

大学校园通常都会有不同功能的建筑群，如宿舍楼、教学楼、行政楼、实验楼、食堂、图书馆、体育馆等。这些不同功能区一般是校园话务量最为集中的地方。由于大学校园里，不同区域的建筑结构、建筑材料、墙体厚度差别较大，高度不同、面积各异，部分区域对外观要求高，安装位置协调困难，需要提供分层分区域的差别化覆盖解决方案。

大学校园是年轻人比较集中的地方，话务发展趋势有如下特点：白天不忙晚上忙；放假不忙开学忙；教学不忙宿舍忙。

大学校园里的话务流动有明显的规律：周一~周五白天，话务集中在教学楼和实验楼；早、中、晚饭时间，话务又集中在食堂区域；重大活动期间，话务在大礼堂或者体育场馆中会有所增加。大学内学生宿舍楼夜间的话务量相当高，但工科院校和文科院校差别较大，工科院校的特点是女生不忙男生忙；而文科院校则正好相反。学校的图书馆由于对语音业务通话有所制约，但对数据业务的需求量不算小。

大学校园里的总话务需求量比较稳定，但话务分布不均匀，数据业务需求量大，不同的建筑内用户行为各不相同，区域之间的话务流动有序。在容量设计时，需要考虑各区域峰值话务量的大小及不同区域的话务流动性，实现容量的动态配置（见图 8-18）。

8.5.1　点面结合室内外连续覆盖

大学校园，"点""面"场景纵横交错、"高""低"楼宇错落有致，要求室"内""外"信号连续均匀。这就要求在大学校园里区分子场景，分层、分区域地进行信源选择与天馈方案设计。

图 8-18　大学校园的通信问题

　　宏蜂窝基站容量大、覆盖范围广，非常适合广域面覆盖，但深度覆盖较为困难，对机房条件、传输配套的要求较高。

　　在一些面积较小、话务量较少的校园里，可以从校园附近的宏蜂窝基站中专门拿出一个扇区通过调整天线方向角、下倾角覆盖校园；如果校园的面积再大一些，可以增加专门覆盖校园的宏蜂窝基站。

　　由于一般的大学校园机房获取困难，一般需要考虑在楼宇顶部建设简易机房；由于青年学生对辐射较为敏感，宏基站天线一般都需要进行伪装。

　　对于较大校园的室外区域，如操场、绿地和活动休闲场地，面积大，话务量小，采用室外宏基站覆盖即可。但是单靠室外宏基站，无法对校园诸多大型楼宇的内部都做到深度覆盖，行政楼、教学楼、体育场馆、图书馆、宿舍区域很可能出现成片的弱覆盖区域。

　　对于校园内的热点弱覆盖区域，在容量允许的情况下，可以将宏蜂窝基站覆盖的室外区域和校园内容量需求不大的楼宇组成同一个小区，以减少切换次数，节约信源投资成本。如图 8-19 所示，教学楼与附近的绿地休闲区可以组成一个小区，体育场馆和附近的操场可以组成一个小区。

　　在一些容量需求特别大的教学楼、行政楼、图书馆、体育场馆等场景中，可以考虑建设专门的室内分布系统，如图 8-20 所示。为了保证楼宇内的均匀覆盖，严格控制外泄，采用小功率、多天线的方式进行覆盖；为了支持多种无线制式的共存，需要选用宽频带的射频器件。

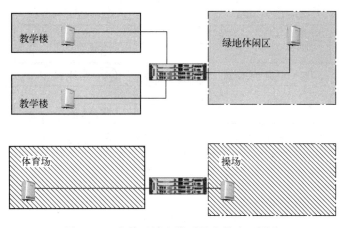

图 8-19 室外区域和附近楼宇共小区覆盖

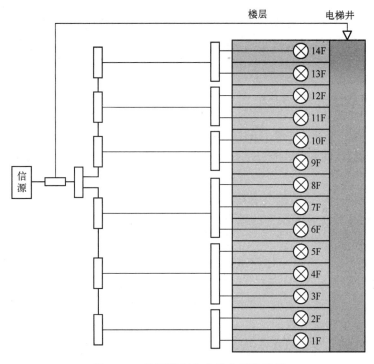

图 8-20 校园楼宇室内分布系统示例

校园内的宿舍区域建筑较密集、排列整齐有规律、话务量集中，用户的密度大，只靠室外宏基站难以满足大容量深度覆盖需求，而多数宿舍楼宇难以建设室内分布系统，覆盖特点类似生活小区，需要采用室内分布系统和室外分布系统结合的方式进行覆盖，天线需要进行美化或伪装。

当宿舍楼比较低矮时，如 8 层以下，可以采用安装地面全向天线或定向天线的方式进行覆盖，但由于宿舍楼的穿透损耗较大，单靠单侧的天线覆盖，很难满足深度覆盖要求，这就需要在宿舍楼两侧分别安装多个天线进行精细化覆盖，如图 8-21 所示。

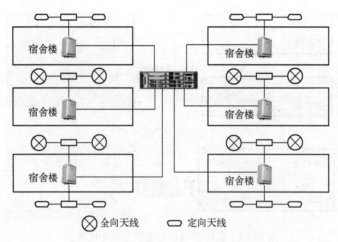

全向天线　　　定向天线

图 8-21　校园宿舍区天线安装示例

当宿舍楼高于 8 层时，可以采用壁挂天线和地面天线相结合的方式，地面分布式天线覆盖地面和楼宇下层；壁挂天线挂于建筑的中上部，覆盖楼宇中高层，合理利用宿舍楼宇的阻挡来控制干扰。

8.5.2　资源共享、容量动态配置

如前所述，容量规划的主要目的是根据用户行为、业务特点计算所需的无线资源数目。校园内的资源配置计算也是如此，只不过校园这种特殊场景，在容量规划时，需要注意以下特点：

1）校园的不同子场景话务模型不同，必要时需要区别对待。

2）宿舍区域是话务量最集中的地方，话务峰值出现在晚上 21:00 以后，宿舍区域的话务需求需要重点对待。

3）校园里的数据业务需求比较重要，需要单独考虑数据业务的承载。

4）校园的总体话务比较平稳，不同区域存在话务潮汐现象：白天，教学楼、行政楼、图书馆、体育场等区域话务量相对较高；夜间，话务迁移到宿舍、家属楼等区域。

这里，不再重复容量估算的过程，针对校园话务忙闲不均、此消彼长的特点，为了提高资源利用效率，介绍一下校园基带资源共享、容量动态配置的策略。

教学楼和宿舍楼有明显的话务潮汐现象，在容量允许的情况下，可以共用同一个 BBU，共享基带资源，通过射频拉远单元 RRU 延伸到不同楼宇，如图 8-22 所示。这样，在宿舍楼话务较少的白天，教学楼话务需求较大；而晚上则正好相反。整体的无线资源利用率起伏不大，出现超忙小区和超闲小区的概率较低。

校园网内无线数据业务需求量大，4G、5G 网络需要考虑进行载波聚合的配置。CDMA 2000 需要考虑单独的 EV-DO 载波；WCDMA 和 TD-SCDMA 可以配置独立的 HSDPA 载波。

8.5.3　校园 WLAN 的布置

校园场景是 WLAN 的典型使用场景。WLAN 有投资少、建网快、适应低速移动和大流量需求的特点。校园内的学生用户通常是大流量低 ARPU 值用户，不存在移动速度过快的用

户，为了迅速满足无线数据业务需求的增长，可以利用 WLAN 布置无线校园网。

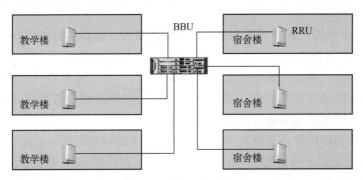

图 8-22 共享基带资源

WLAN AP 的使用方式有以下三种：

1）在靠近天线端与已有的室内分布系统合路。这种方式适合已经建设有室内分布的宿舍区、招待所、教学区、行政区、图书馆等子场景。天线一般安放在楼道或顶棚中间。在宿舍楼、招待所，一般使用小增益天线，安装密度大一些，间隔 10 m 放置一个天线；而在教学楼、图书馆，房屋空间较大，可以选用增益大一点的天线，天线口功率可以略大一些，这样天线的安装间距可以增大到 30 m；在学校的体育场、会议中心，中央空间更大，天线口功率可以设置得再大一些，这样天线的安装间距可以增大到 80 m。

2）直接安装室内放装型 AP。在大型场馆、展厅、地下车库的墙壁上，适合直接挂装室内放装型 AP，这样可以方便快捷地完成 WLAN 的覆盖。

3）与室外天馈系统合路。使用楼顶抱杆、楼宇墙壁可以挂装 AP，将信号合入室外型天线，可以对校园的室外区域和楼体结构简单的室内区域进行覆盖。

以上几种 WLAN 在校园内的布置方式总结见表 8-1。

表 8-1 校园 WLAN 布置方式

AP 布置方式	与室内分布系统合路	安装室内放装型 AP	与室外天馈系统合路
校园子场景	宿舍区、招待所、教学区、行政区、图书馆	体育场馆、展厅、地下车库	操场、绿地
布放位置	弱电井、楼道墙壁	天花板、墙壁	楼顶抱杆/电线杆/室外墙壁
单个 AP 覆盖面积	$100 \sim 200\,m^2$	$600 \sim 800\,m^2$	$>2000\,m^2$
天线安装间隔	$10 \sim 30\,m$	$50 \sim 100\,m$	$>100\,m$
每个 AP 的天线数目	6~10 个	4~6 个	>10 个

8.6 节假日效应——机场/车站

机场、车站通常是全钢骨架、玻璃幕墙的建筑结构，等候区内房屋举架高、面积大、基本无阻挡，信号属于视距传输。机场和车站的覆盖面积一般为 $10000 \sim 50000\,m^2$。

机场、车站为峰值容量受限场景，有如下话务特点：

1）话务峰值在节假日开始和结束的几天内，所以容量估算时要以节假日的话务峰值为计算参考。

2）候车厅、商务区、媒体区的数据业务需求量较大，需要重点考虑。

3）漫游用户比例较高，在容量设计时需考虑一定的漫游话务。

大型火车站的重点覆盖区域为售票大厅、候车大厅、火车停靠站、广场、地下车库和商场；机场重点覆盖区域为候机大厅、商务区等。覆盖估算时需要考虑火车或飞机的穿透损耗，以保证火车或飞机停靠的地方通话畅通。

由于机场、车站的峰值话务量较大，可以考虑较大的站型配置，并配置专门的数据业务载波。TD-SCDMA 制式，可以配置 O6 站型，考虑 2~3 个 HSDPA 载波；WCDMA 制式，可以配置 O3 以上的站型，考虑 1~2 个 HSDPA 载波；LTE、5G 可以配置多个载波，使用 CA（载波聚合）技术。为了满足机场、车站的等候大厅、商务区、咖啡厅等区域的高速数据业务需求，可以考虑在这些场所增加 WLAN 的覆盖（见图 8-23）。

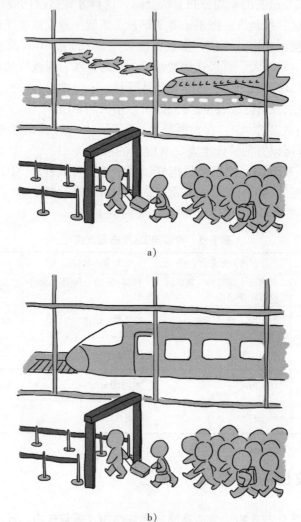

a)

b)

图 8-23 节假日效应——机场、车站

a) 机场 b) 车站

值得注意的是，机场对抑制电磁干扰的要求非常严格，对射频器件的隔离度、信号泄漏、发射功率等指标有非常严格的规定，选用射频器件时应该注意。

8.7 祸在口处——商场、超市、购物中心

商场、超市、购物中心通常由面积较大的数个楼层组成，有相当大面积的地下停车场。一般都有空旷的中央大厅，隔墙阻挡较少，总面积常在 20000 m² 以上，一般为覆盖受限场景。

这样的场景主要以话音业务为主，高峰时段一般出现在晚上或节假日，高端数据业务需求较少，这里不是数据业务话务流量的竞争，而是覆盖质量的竞争，初期建设时，可以选用较低的载波配置。

商场、超市、购物中心的人员流动性较大，一般切换方面的问题较多。所谓祸在口处，是指切换问题一般常发生在门口、电梯口等区域，室内外干扰问题常发生在这些场景附近的街道上（见图 8-24）。

图 8-24 祸在口处——商场、超市、购物中心

为了保证在进入室内前完成切换，一般会考虑在出入口、电梯口位置安装一个天线。如果商场、超市、购物中心处于临街位置，则要避免室内小区在街道上形成固定的切换区域，导致街道上往来用户切换频繁，降低网络性能、影响用户感受。

商场、超市、购物中心如果为大型玻璃幕墙，则隔墙损耗较少，要避免室内信号泄漏到室外道路上。尤其是一些大型商场，有观景电梯，这里如果有专门的信号覆盖，很容易泄漏到室外，给室外区域造成干扰。需要通过在室分系统中增加衰减器或降低天线口功率来抑制信号泄漏。

8.8　一条线、几个点——地铁

地铁场景包括出入通道、站台、线性隧道等几个子场景（见图 8-25），"一条线、几个点"形象地说明了地铁场景的覆盖要点："点、线"结合。地铁覆盖需要站台的"点"和隧道的"线"分别设计、有机结合。这里重点介绍一下地铁覆盖的方式，隧道场景可以看作是地铁场景的一部分，无需专门介绍。

图 8-25　地铁覆盖场景

8.8.1　站台、隧道的覆盖、容量设计

一般的站台较为空旷，乘客在站台上使用手机，无需考虑车厢损耗，但需要考虑出入通道的上下楼梯和站台的覆盖连续，可以采用分布式全向吸顶天线进行覆盖，如图 8-26 所示。

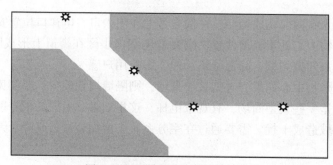

图 8-26　地铁站台天线挂点示例

地铁隧道是一个线性、狭长的覆盖范围，无线信号传输到用户终端要经过车体的穿透损耗（一般为 10~25 dB），这一点和站台上的覆盖设计不同。

有一些地铁隧道比较短，而且比较直，覆盖要求低、容量需求小，可以使用两个高增益的定向天线对打来覆盖，如图 8-27 所示。这样，材料及施工的成本都可以比使用泄漏电缆低。

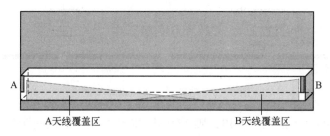

图 8-27　隧道内定向天线对打方式

但大多数地铁隧道都比较长，地铁站间距在 5 km 左右，而且蜿蜒盘曲，非视距可达。在这种场景下，泄漏电缆仍是首选，如图 8-28 所示。虽然成本比常用的天线分布方案高，但对于地铁这样使用率高、人流量大的场景来说，是非常值得的。

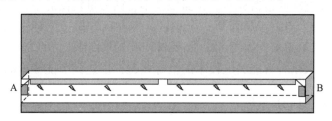

图 8-28　地铁隧道的泄漏电缆覆盖方式

如果地铁隧道长度较长，在信号传输过程中，泄漏电缆的损耗不可忽略，为了减少损耗，尽量选择直径比较粗的泄漏电缆。但这样就会增加线缆成本和施工成本。

对于较长的隧道，可以将泄漏电缆进行分段，一个 RRU 连接两段泄漏电缆。显然，隧道越长，需要的泄漏电缆就越长，所需的 RRU 数目就越多。

每个 RRU 能够携带多长的泄漏电缆呢？这和不同选型泄漏电缆的损耗及泄漏点所需的信号功率有很大的关系，不同的无线制式差别较大，需要根据不同情况具体计算。按照每段泄漏电缆设计长度为 300~500 m 来考虑，一个 RRU 可以带 600~1000 m 的泄漏电缆，那么 RRU 需要的数目就是隧道长度和两段泄漏电缆长度的比值。

以图 8-29 所示的 LTE 隧道覆盖为例，隧道长度为 2.1 km，某型号的泄漏电缆的百米损耗为 5 dB，距馈缆泄漏点 2 m 处的损耗为 88 dB，车体损耗考虑为 15 dB，参考信号边缘覆盖场强 RSRP 要求为 −110 dBm，则泄漏电缆辐射口的 RS 功率要求为

$$-110\text{ dBm}+88\text{ dB}+15\text{ dB}=-7\text{ dBm}$$

LTE 某型号 RRU 的机顶口单通道输出功率为 10 W（即 40 dBm），参考信号 RS 功率为 20 MHz 带宽总功率的 1/1000（即 10 dBm），二功分器的损耗为 3.5 dB，则泄漏电缆最多允许的损耗是

$$10\text{ dBm}-(-7)\text{ dBm}-3.5=13.5\text{ dB}$$

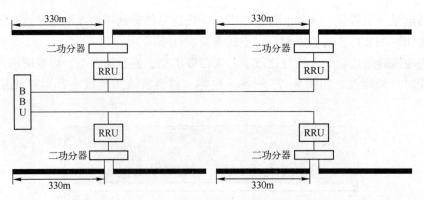

图 8-29　地铁隧道覆盖设计举例

由于泄漏电缆的百米损耗为 5 dB，则 13.5 dB 的最大允许损耗的泄漏电缆长度为 270 m。那么整个隧道需要 $\left\lceil\dfrac{2.1\ \mathrm{km}}{270\ \mathrm{m}}\right\rceil=8$ 个这样的电缆（「 」为向上取整），每两段电缆需要一个 RRU，共需要 4 个 RRU。

地铁的话务高峰在上下班时间，在设计时，要考虑地铁的峰值话务情况，要求既能满足高峰期话务需求，又能降低运营成本。在面积较小、话务量较低的站台上，站台和地铁隧道的部分可以共用同一个 RRU，规划为一个小区；但在面积较大、话务需求较大的站台上，单个 RRU 不能满足容量需求，需要考虑站台和隧道分别采用独立的 RRU 覆盖。地铁在夜间的话务量较低，最好采用有智能关电技术的信源设备，以达到节能减排的环保目标。

8.8.2　地铁的统一 POI 系统

为了方便施工、维护及管理，通常由地铁运营公司建设隧道的共泄漏电缆分布系统，以满足多个运营商、多种无线制式的信号接入。这就是地铁系统中常用的 POI（Point Of Interface）系统，如图 8-30 所示。

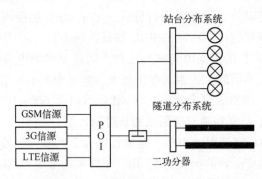

图 8-30　地铁的多制式 POI 系统

地铁运营公司的 POI 系统通常分上行接入和下行接入两种接入点，适合上下行工作频率不同的 FDD 系统，如 GSM、WCDMA、FDD-LTE。由于 TD-SCDMA、TDD-LTE 制式采用了 TDD 技术，上下行工作在相同的频率上，所以在接入上下行分开的 POI 系统时，只需要接入下行 POI 系统便可。

当然，在实际工程中，信号覆盖方式取决于建网成本，以及运营商和地铁运营公司的物业准入协议的具体内容，可以选择接入统一的 POI 系统，也可以考虑不接入 POI 系统单独建设一套地铁分布系统。

8.8.3 地铁的切换设计

地铁隧道相对于室外宏站的无线环境来说，较为封闭，干扰主要来自小区内部和前后邻区，较易控制。但是，当用户密度大时，如何保证多用户同时切换的成功率，是地铁覆盖中经常需要解决的问题。

地铁切换设计也遵循最少切换的原则。地铁站台是连接两条隧道的地点，来往乘客较多，通话需求较强烈，为了避免频繁切换，最好将出入通道、站台设置为同一小区。

终端在高速运行时，切换性能难以保证，因此，地铁的切换区域不能设置在站台中间的高速运行区域。

既然站台上不能设置切换区域，高速运行区域也不能设置切换区域，那么地铁里的切换区域只好设置在列车起动离站或减速进站的地方，在非站台区域低速运行时完成切换。

第 9 章

装修那点事——室内分布系统的建设施工

有家庭装修经验的人都知道：一般家庭装修都追求美观、实用（室分系统的建设也追求美观、实用）。就拿房子的各种线路来说吧，开发商交房时已有的线路，有的可以直接利用，如部分通电线路、下水管道；有的需要改造后才好去用，如供气管道走线不美观，需要更改；有的则需要新建，如热水管道。室分系统建设施工的时候，也会有利旧、改造、新建。

在建设施工时，根据楼宇室内勘测的具体情况，要决定改造已有的室分系统，还是新建室分系统。

对于需要改造的分布系统，应该在勘测时确定好什么地方可以利旧、什么地方必须改造，合路点确定在什么地方。目前常见的是 LTE 系统、WLAN 系统利用已有的 2G、3G 室分系统，总的原则是"宽带化改造、最小化影响、最大化效果。"

"宽带化改造"要求更换不满足 LTE 系统和 WLAN 系统频带要求的合路器、功分器、耦合器、天线、干放、直放站等设备。5G 系统由于选在毫米波频段，现有的射频器件，均无法直接使用，均需要重新选用支持相应频段的器件。

"最小化影响"是指"改造"应尽量少地影响 2G、3G 室分系统，确保原有 2G、3G 网络正常运行。LTE 或 WLAN 尽量避免在主干和已有系统合路，尽可能靠近天线端合路的方式对已有室分系统影响最小，并且后续的建设和优化互相影响较少。

"最大化效果"是指考虑到现在 LTE 制式、WLAN 制式使用的频段较高，5G 制式使用的频段更高，无线传播损耗较大，虽然靠近天线端合路可以减少干线的损耗，但在重点楼宇，为了保证良好的覆盖效果，需要适当增加天线的数量。

对于一些平地新起的楼宇、小区，在目前移动通信发展的大背景下，应该考虑新建 2G、3G、WLAN、LTE 多制式共用室分系统。现在新建室内分布系统，应该考虑以高频段制式为主导的规划建设，这样兼顾低频段制式的 2G 覆盖较为容易。

新建或改造室内分布系统要注意以下三点：综合考虑室内外的覆盖一体化，尽量实现室内主干通道的光纤化，一定保证不同制式天线之间的隔离度。

室内外覆盖的一体化：室内分布系统的信号在室内区域形成主服务小区，避免室外信号的话务吸收；同时控制室内信号在室外区域的泄漏，避免对室外区域造成干扰。

现在室内天线分布系统的实现有四种方式：泄漏电缆分布方式、同轴电缆分布方式、光纤分布方式、光电混合分布方式。室内主干通道的光纤化是光电混合的分布方式，指的是室内分布系统的信号源尽量采用 BBU 加射频拉远 RRU 方式，BBU 与 RRU 之间采用光纤传输，RRU 再通过同轴电缆及功分器（耦合器）等连接至天线。由于主干线路采用光纤方式传输损耗很小，整体降低了室分系统的总体馈损，提高了天线口输出功率，RRU 合路位置灵活，减少了对干放的依赖。光纤方式的缺点是由于增加光电转换单元，故障点增多；而且光纤比较容易出现故障，建议光纤铠装。

5G 高频段室分系统更多的是微小功率信源 Pico RRU 的分布，Pico RRU 靠近天线安装，或者 Pico RRU 直接内置天线进行放装，BBU 和 Pico RRU 之间使用光纤，这样即使使用毫米波，在室分系统中的损耗也可以忽略不计。

不同制式天线之间的隔离度：有些新建室分系统的场景，存在其他运营商其他制式的分布系统，可能会对待建系统造成干扰，如已有的室内天线可能对 LTE 系统造成影响。在这种天线不能共用的情况下，建议天线之间离开一定的距离，确保满足两个制式天线之间的空间隔离度。

9.1　改良思维——室分系统改造

所谓"改造"，不是"推翻重建"，而是在尽可能"利旧"的基础上"改良"，工作思路很类似于清末资产阶级改良派的想法（在不动摇社会根本的情况对系统进行改造），优点是节约建设成本，缺点是可能影响已有系统（见图 9-1）。

图 9-1　利旧与改造

室内分布系统改造的主要内容有"增加项"，也有"更换项"。"增加项"是在原有系统基础上支持新的无线制式，为保证覆盖效果必须增加的设备；"更换项"是按照原有窄带室分系统宽带化的要求，为支持新制式而必须更换的设备。下面分别介绍。

9.1.1　信源增加

需要增加无线制式的信源，包括 WLAN 信源、LTE 信源或者 5G 的信源。

LTE 的 RRU 信源允许级联，有的厂家最大允许的级联 RRU 数目，可以达到 12 个以上。

但从方便故障定位、减少网络维护量，控制系统底噪，CPRI 或 Ir 接口（BBU 和 RRU 之间的接口）容量的角度上讲，级联级数不宜过多，建议为 3~5 级之间。

信源的供电方式有两种：电源线缆供电、五类网线供电。

一般，RRU 信源和 WLAN 的 AP 信源都支持电源线供电。不同信源的供电要求不同，常采用 -48 V 直流电源供电，但有的 WLAN 的 AP 设备用 12 V 直流电源供电。在供电条件受限的时候，有的信源支持市电（220 V 交流电）供电。

当信源离电源距离较近，小于 100 m 时，可以用标配的供电电缆；当距离大于 100 m 时，标配的供电电缆不能满足电压的要求，需要加粗供电电缆；当距离大于 300 m 时，不建议使用超长供电电缆，需要为信源单独配置小开关电源及蓄电池组。

现在，一些小型化 RRU 信源和 WLAN 的 AP 信源支持五类网线供电，支持 POE（Power Over Ethernet，以太网供电）接口。这样，电源线和数据线合二为一，非常适合网线布放方便、供电不方便的场景，极大地简化了安装条件，增加了信源设备的安装灵活性。

9.1.2　更换或新增宽频合路器

按照勘测设计时确定的合路位置，用新增的合路器将新信源与已有的分布系统合路。多系统合路器的重要指标有工作频率范围、隔离度、插损、驻波比，要选取满足下面指标的合路器：

工作频率范围：800~2600 MHz（包含 2G、3G、WLAN、LTE 频带范围）；3~100 GHz（5G 频带范围）。

隔离度：≥40 dB（不同制式合路要求不同，这里仅供参考）。

插损：≤0.6 dB。

驻波比：≤1.3（要求在所有频带范围内都满足）。

在 LTE 利旧原有的 2G、3G 天馈系统时，如果选择和 2G、3G 同样的合路点，需要检查 2G、3G 已有的合路器，看其是否支持 LTE E 频段。

大多数情况下，需要把已有的 2G、3G 合路器替换掉，增加一个支持 LTE E 频段的三频合路器或者更多频的合路器，如图 9-2 所示。

也可以保留已有的 2G、3G 合路器。2G、3G 合路出来的信号与 LTE 信号一起馈入一个新增的合路器，如图 9-3 所示。

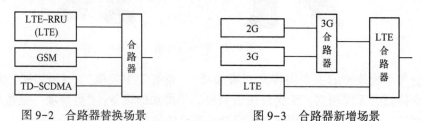

图 9-2　合路器替换场景　　　　　图 9-3　合路器新增场景

9.1.3　射频器件的更换

更换不满足新制式频带范围要求的无源器件，如功分器、耦合器。根据目前我国现有无线制式使用的频率，现在的室内射频器件都应该采用宽带器件，支持的频率范围为 800~

2600 MHz。5G 系统的射频器件需支持 3 GHz 以上的频段。

新选择的功分器、耦合器的驻波比、插损也需满足要求：

驻波比：≤1.3（在全频段内）。

插损：≤0.1 dB（这里，功分器的插损不包括功率分配损耗）。

有源器件在工作时，会产生大量热量，如果热量不及时散去，会增加器件的故障概率。干线放大器（简称干放）就是典型的有源器件，它的引入会导致系统底噪抬升，覆盖性能下降，在 LTE、5G 系统中避免使用干放。

如果一定要在室内分布系统中用干放，选用时，需注意以下几点：

1）根据天线口发射功率要求选取干放。使用干放的室分系统属于有源系统，干放的最大输出功率有 0.5 W、1 W、2 W、5 W，根据干放所在支路的天线数量和天线口功率需求选取不同输出功率的干放。

2）根据上下行增益需求选取干放。干放的最大增益在 35～40 dB 之间，注意保证上下行增益平衡。

3）选择噪声系数较小的干放。引入干放会抬升系统底噪，选用干放的噪声系数应满足：上行噪声系数≤4 dB；下行噪声系数≤6 dB。

2300～2400 MHz 的馈线损耗比 900 MHz 的损耗大很多。引入 LTE 系统、WLAN 系统，原来适应 2G 系统的室分馈线，有可能不能满足新合路无线系统的要求。如果施工条件允许，建议进行馈线改造。

改造的原则（参考）如下：

1）引入工作频率在 1800 MHz 以上的无线系统时，尽量少的使用 8D/10D 馈线。

2）原有室内分布系统的主干馈线中不能使用 8D/10D 馈线，平层馈线长度超过 5m 的 8D/10D 馈线需更换为 1/2″馈线。

3）原有室内分布系统的主干馈线长度超过 25 m 的 1/2″馈线需要更换为 7/8″馈线，平层馈线长度超过 50 m 的 1/2″馈线需更换为 7/8″馈线。

9.1.4　更换天线、增加天线数目

LTE 室分系统的天线改造要求更换后的天线工作频率范围为 800～2600 MHz，LTE 双通道室分系统需要考虑使用双极化天线。

与 2G 室内分布系统相比，LTE 系统和 WLAN 系统使用的无线电波频率高、空间损耗大、绕射能力差，因此，LTE 室内分布系统一般需要考虑增加天线密度。另外，采用"小功率，多天线"方式进行室分建设，也有利于室内无线信号的均匀覆盖。

由于现有室分天线支持的频段较低，不支撑大规模 MIMO，5G 时代均无法利旧。5G 时代，需要使用 3～100 GHz 的高频、宽频天线，且能够支持高达 256 根天线的大规模 MIMO。

9.2　美观与可靠——室分系统安装

任何"安装"工作都讲究"美观""可靠"（见图 9-4）。所谓"美观"，是指器件之间整齐有序、设备与环境和谐一致。所谓"可靠"，是指设备牢固、接口可靠，而且做到了

"三防"：防水（接口处要做防水处理）、防雷（建筑物顶端要装避雷针，室外天馈可安装避雷器）、防静电（有源设备接地必须符合国家规范要求）。

图 9-4　室分系统安装
a）安装不规范　b）安装整齐规范

室分系统安装之前，一定要完成站址勘测工作，应该确定目标楼宇是否具有施工安装条件，包括机房、供电、传输、走线、天线挂点等。通过设计前的站址勘测、设计后的模拟测试，室内分布系统规划设计的详细图纸应能够体现合路器、耦合器、功分器及干放、天线等器件的具体位置及类型，图纸上应该标明各器件的输出功率，以指导施工安装。

施工安装之前要准备需要使用的工具：安全帽、冲击钻、锤子、螺钉旋具（俗称螺丝刀）、钢锯、电烙铁、刀子、钳子、扳手、卷尺、镊子等。

现场施工安装时应遵循规划设计图纸的要求，确保设计和施工的一致。对于那些现场条件受限，或者设计不合理而不能按照规划设计方案进行施工的，应及时和设计单位协商。但在实际项目实施过程中，设计和实施确实存在"两张皮"的现象。有的是施工单位和设计单位沟通不畅造成的，有的时候则是为了获取非法利益而做的人为猫腻。

9.2.1　信源的安装

信源的安装有挂墙安装、机房地面安装、楼顶天面安装等多种方式。设备需适应环境，环境也需适合设备。

信源的安装需要注意三点：一是预留安装维护的操作空间；二是供电传输方便；三是整齐有序。

设备安装所需空间的大小和设备本身的大小有关系，安装前要确定所用信源设备的"三维"（高、宽、深）。表 9-1 是某厂家 LTE 信源的安装规格。

表 9-1　LTE 信源安装规格参考

分类	LTE RRU 型号	频段	尺寸/mm×mm×mm 高×宽×深	重量 /kg	单通道最大发射功率/W
八通道	DRRU3168-fa	FA	545×300×130	21	20
	DRRU3158e-fa	FA	545×300×130	21	16

（续）

分类	LTE RRU 型号	频段	尺寸/mm×mm×mm 高×宽×深	重量/kg	单通道最大发射功率/W
双通道	DRRU3162-fa	FA+FA	390×210×135	10	30
	DRRU3152-e	E+E	390×210×135	10	50
	DRRU3152-fa	FA+FA	390×210×135	10	20
单通道	DRRU3151e-fae	FA+E	390×210×135	10	30（FA） 50（E）
	DRRU3161-fae	FA+E	390×210×135	10	30（FA） 50（E）

现在市面上一种满足"双2"标准的小型RRU（不在表9-1中），非常适合一些复杂的安装场景。所谓"双2"标准，就是体积在2L以下，重量在2kg以下。

对于体积较小的微蜂窝信源、RRU信源或直放站信源，一般使用挂式安装，最好预留1m×1m的维护操作空间。挂式设备的承载体（如楼宇承重墙、抱杆等）必须足够坚固，不会被轻易拆掉。挂装后需整齐有序，不能有明显的几何偏差。在室外安装的挂式设备，应装有遮阳板。

对于体积较大的宏基站，除了考虑供电和传输外，还要在宏基站和机房内其他设备或墙体之间留有足够的维护走道空间、设备散热空间。机房的承重水平要达到宏基站的安装要求，缺省情况下，至少要大于600kg/m²。立式安装的基站机柜与同列机架应保证横平竖直，无参差不齐的问题。

9.2.2 天线及射频器件安装

吸顶式全向天线可以安装在顶棚外或顶棚内。在具备施工条件的楼宇，可在靠近窗口的墙壁上安装挂装式定向天线向屋里覆盖，这样可以使室内小区成为主服务小区，减少室内信号对室外的泄漏。室内天线安装的位置尽量避免靠近金属物体，同时也要考虑建筑物墙体结构对信号的影响。

室内天线的安装要求"固定、美观"。一定要牢固、稳定，不易松动；安装全向天线要保证室内水平角度的美观，安装定向天线要保证室内垂直角度的美观。天线安装与周围墙体和顶棚协调，不能损毁周围墙体、顶棚和其他设施。天线安装完毕后，要清理现场，并对每一处天线做详细的标识。

室内天线之间的安装应离开一定的距离，遵守以下两点：

1）单天线覆盖半径建议：在半开放环境，如商场、超市、停车场、机场等，覆盖半径取10~20m；在较封闭环境，单天线的情况下，如宾馆、居民楼、娱乐场所等，覆盖半径取6~12m（不同制式、不同场景的天线间距要求不一，这里是LTE系统或WLAN系统的参考值）。

2）不同室内分布系统天线间距建议：为避免室内多个独立无线系统间的干扰，建议LTE室内分布系统与其他系数的天线间距尽量大于1.5m（不同制式之间的隔离度要求不一，这里是参考值）。

主干线路的耦合器、功分器应该固定在弱电线井内、不允许悬空安装，无固定放置，尽量放置在管道井。支路端的耦合器、功分器应该安装在标准器件盒内，不能影响大楼内部装修的美观。器件的接头应做防水密封处理。

有源器件（如干放）也要尽量安装在走主干线路的弱电线井内，所在位置应便于调测、维护和散热，同时无强电、强磁和强腐蚀性设备的干扰。

9.2.3　GPS 天线安装

有同步要求的无线制式需要安装 GPS 天线，作用是使基站接收 GPS 卫星的同步信号。每个基站都需要安装一个 GPS 信号的接收模块。

GPS 天线要想正常工作，必须能够稳定接收到 3 颗 GPS 卫星的信号。所以 GPS 天线必须安装在较空旷位置，上方 90°范围内应无建筑物遮挡，如图 9-5 所示。

GPS 天线应该安装在避雷针的保护范围内；GPS 天线与避雷针的水平距离应该在 2~3 m，垂直距离要低于避雷针 0.5 m 以上，如图 9-6 所示。GPS 天线安装位置远离直径大于 20 cm 的金属物 2 m，以避免干扰。GPS 室外部分馈线长度不宜大于 8 m，无需接地，与其他尖锐金属靠近的地方需做绝缘处理。

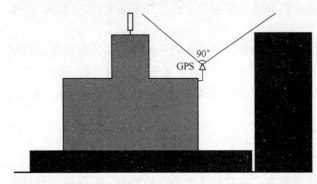

图 9-5　GPS 天线安装示例

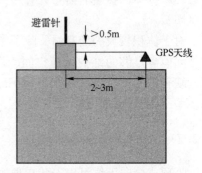

图 9-6　GPS 天线和避雷针的关系

GPS 天线的安装有以下要求：

1）严禁安装在楼顶的角上，如图 9-7a 所示。

2）严禁与基站天线过近，如垂直距离小于 3 m，如图 9-7b 所示。

3）严禁放在基站天线主瓣近距离辐射范围内，如图 9-7c 所示。

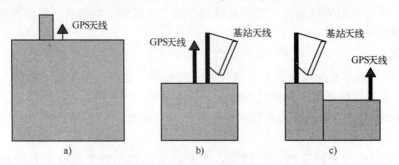

图 9-7　严禁 GPS 天线安装的位置

9.2.4　线缆布放

室内分布系统需要布放的线缆一般有馈线、电源线、光纤。线缆布放的共同要求是走线牢固（避免松动、裂损）、美观（不得有交叉、扭曲，需要弯曲时，要求弯曲曲率半径不超过规定值）。

（1）馈线的布放

安装固定：馈线在线井和顶棚中布放时，用扎带固定；与设备相连的馈线或跳线用馈线夹固定；对于不在机房、线井和顶棚中布放的馈线，应安装在走线架上或套用 PVC 管。水平安装应做到布放平直，加固稳定（每隔 1~1.5 m 用固定卡具加固一次），受力均匀；垂直布放的电缆每隔 2~3 m 必须进行捆扎、固定，防止因电缆自重过大拉坏电缆和接头。

馈线接头：从天线端口到信源端口的各个连接部位都应做到电气接触良好，牢固可靠。馈线的连接头必须牢固，保证驻波比小于 1.3，要做防水密封处理。

馈线进出口：应该做到防水阻燃。当室内馈线走道穿越墙洞或楼板时，孔洞四周应加装保护框固定，要经过严密的防水处理、用阻燃的材料进行密封、要进行防雷接地处理。

避免强电、强磁：馈线应避免与电源电缆、高压管道和消防管道一起布放，确保无强电、强磁干扰。若现场条件所限必须同走道布放时，应有适当的分离措施。

标识明确清晰：馈线布放时要标识好从哪里来，到哪里去。

（2）电源线布放

电源线的布放也要保证可靠、美观、安全。

电源线的所谓"可靠"，是指电源线连接可靠牢固，电气接触良好，确保通信设备长期不间断供电；电压不稳定时，需加设稳压装置。芯线间、芯线与地间的绝缘电阻不小于 1 MΩ。

电源线的所谓"美观"，是指走线美观、标识清楚。如直流电源线的 12 V 正极用红色，24 V 正极用黄色，负极用蓝色或黑色；交流电源线的地线用黄绿花线等。

电源线的所谓"安全"，是指接入设备前必须有保护装置，尤其是交流电，要符合电力安全规定。

（3）光缆布放

可靠的光缆布放要做到防断、防乱、防水、防过度弯曲。

光缆是易断线缆，要由专业人员布放，避免用力过猛，超过光缆允许张力。

光缆在走线架、拐弯点处布放时应进行绑扎，扎带不宜扎得过紧；在绑扎部位，应垫胶管，避免光缆受侧压；绑扎后的光纤在槽道内应顺直，无明显扭绞，严禁打圈、死弯、折叠。

多余的光缆应盘好、固定好，注意美观；为室分设备预留的光缆，要使用专用光纤光缆分线盒妥善安置。

光缆两端一定要清晰地标注好从哪来，到哪去。

对光缆接头做密封防潮处理，防止进水。

防止过度弯曲，光缆的弯曲半径不应小于光缆外径的 20 倍。

9.2.5　室分系统器件标识

室分系统安装过程中涉及的所有器件和线缆都应该有清晰明确的标识，要与规划设计图纸上的名称、编号对应，便于后面的维护和整改工作。

对于线缆，要在线缆两端标识出线缆的走向，即从哪里来或者到哪里去；对于器件，要标识出其所在的楼层和编号。

馈线、光纤等线缆标识的格式如下：

起始端：TO 设备编号（在起始端标明馈线到哪个设备）。

终止端：FROM 设备编号（在终止端标明馈线从哪个设备来）。

各种器件标签的编号格式如下：

设备代号：n-mF/x　其中，设备代号是 1~3 位英文字母，n 表示设备的编号，m 表示设备安装的楼层，x 用来区别型号。

（1）无源器件

天线：Ant n-mF（Ant 3-20F，表示 20 层第 3 个天线，以下类推）。

功分器：PS n-mF。

耦合器：T n-mF/x（T 3-20F/10 dB，表示 20 层第 3 个耦合器，是 10 dB 耦合器）。

合路器：CB n-mF。

负载：LD n-mF。

衰减器：AT n-mF。

（2）有源设备

干线放大器：RP n-mF。

直放站：ZP n-mF。

射频有源天线：PT n-mF。

有源功分器：PPS n-mF。

（3）光纤分布系统设备

主机单元：HS n-mF。

远端单元：RS n-mF。

光纤有源天线：OT n-mF。

光路功分器：OPS n-mF。

第三篇　室内分布系统优化验收篇

第 **10** 章

对症下药——室内覆盖优化

如图 10-1 所示，魏文侯问扁鹊说："你们三兄弟中，谁最的医术最高?"扁鹊回答说："长兄医术最好，中兄次之，自己最差。"

魏文侯诧异地问："你两位哥哥的名声为什么没有你的大?"

扁鹊说："长兄治病于病情未发作之前，一般人不知道他铲除了病因，所以他的名气没有传出去。中兄治病于病情初起之时，一般人以为他只治愈了轻微的小病，所以他的名气不出乡里。而我治病于危急严重之时，做得都是大手术，所以大家都以为我的医术最高明。"

图 10-1　医病的三个境界

建设室内分布系统的水平也分三个境界：第一个境界，在室内分布系统方案的规划设计过程中，就能够规避掉很多覆盖太弱、容量不足的毛病；第二境界，在室分系统建设完成初期，通过简单的定位监控手段，就发现了很多潜在的系统问题；第三个境界，在室分系统商用后，通过用户不断投诉，发现了一些疑难杂症，如严重的弱覆盖、严重的干扰问题等，然后由专家出手搞定。

和扁鹊三兄弟的故事相似的是，在第一个境界就解决室内分布问题的人往往默默无闻；

在第二个境界解决室内分布问题的人，名不见经传；在第三个境界解决室内分布问题的人，名声鹊起，为人所瞩目。

室内分布系统建设完成后，或者系统运行后，若接到大量相关的投诉，就要进行室内覆盖效果的优化。给室内分布系统做优化，就像去医院看病一样。中医看病大致可分为三个步骤：摸清症状、分析诊断、下药治疗；西医看病则是首先通过各种检测摸清症状，如血检、尿检、便检等，然后再分析诊断，最后给出治疗方案。

室内分布系统的优化也可以分如下三个步骤：

首先，需要摸清目前室分系统存在的问题，是难以接入网络，还是掉话率高、话音质量差，还是下载速率低。这就是室分系统评估的过程，也就是摸清网络症状的过程。

接下来，根据网络症状，确定分析定位问题的方法和工具。通过测试、信令跟踪以及一些优化分析工具，判断出问题发生的原因，如覆盖太弱、干扰太强、容量不足、切换频繁等。

最后，根据分析结果，确定优化调整方案，即增强覆盖、抑制干扰、增加容量、控制频切的具体手段。

室内覆盖的优化也是一个对症下药的过程，包括系统测试、分析定位、优化调整三个步骤，如图 10-2 所示。

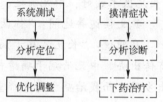

图 10-2　室内覆盖优化过程

10.1　体检——室内覆盖测试

认识事物是从发现问题开始的，发现问题又是从测试数据收集开始的。室内覆盖问题的发现先从给室内分布系统做体检开始，通过系统体检，了解网络运行状况、收集网络运行数据。

既然要开展体检业务，就要有与体检相关的工具。给室分系统进行体检的必备工具如下：驻波比测试仪、高频信号发生仪、室内步测系统、后台数据分析软件等。

室内分布系统的体检从收集以下数据开始：驻波比测试数据、告警数据、话统数据、步测数据、拨测数据、投诉数据、参数配置。

（1）驻波比测试数据

驻波比（VSWR）是衡量元器件之间阻抗匹配程度的指标。阻抗完全匹配，驻波比为1；当驻波比大于 1 时，阻抗不完全匹配，系统内将产生影响性能的反射波。驻波比越高，性能恶化越严重。

室内分布系统是由多种室分器件组成的，器件之间的接口众多，由于安装疏忽或者系统老化，很容易导致驻波比升高。驻波比测试可以发现室分系统射频器件的质量问题、建设施工质量问题。室内分布系统的射频器件老化、故障，施工时接口松动、防水没做好，都有可能造成驻波比偏高。驻波比测试仪的实物如图 10-3 所示。

图 10-3　驻波比测试仪

驻波比测试要遍历室分系统的各个环节。也就是说，每个天线支路的各个输入输出接口（信源机顶输出端口、射频器件输入输出端口、各馈线连接端口、天线及负载连接端口）都要进行驻波比测试。

由于一个网络往往存在很多室分系统，每个室分系统的天馈支路众多，使用驻波比测试仪对系统进行测量的工作量是相当大的。如果网络侧能够自动检测室分系统天馈部分的工作状况（包括驻波比的情况），就会大大节约测试工作量。驻波比偏高对室分系统的性能是有影响的，网络侧通过监控这些影响，可以间接评估出驻波比的大小。

（2）告警数据

告警根据发生告警的设备可分为天馈系统告警、信源告警（如 BTS、Node B、eNodeB）、基站控制器告警（BSC、RNC）、传输告警、核心网侧告警等；根据影响范围可分为天馈支路级别告警、小区级别告警、载频级别告警、基站覆盖区的告警、MME、RNC 或BSC 区域告警等；根据解决故障的响应要求可分为即告类（如光路中断或射频输出故障，必须马上做出响应）和非即告类告警（如激光器寿命告警，可在以后方便时进行更换）；根据告警的严重程度可分为严重告警、普通告警、轻微告警等。

告警数据一般由网络侧设备的后台维护终端采集，如 GSM 的 BTS、BSC，WCDMA/TD-SCDMA 的 RNC、Node B，LTE 的 eNodeB 的告警管理模块。

告警数据一般提示的是硬件工作状态问题及设备功能类问题，组网性能类问题不会通过告警来反映。但是，解决组网性能类问题，一般都要求首先解决了所有的告警类问题。

告警一般分为四个级别：

1）严重告警：Critical（缩写为"C"），使业务中断并需要立即进行故障检修的告警。

2）主要告警：Major（缩写为"M"），影响业务并需要立即进行故障检修的告警。

3）次要告警：minor（缩写为"m"），不影响现有业务，但需检修以阻止恶化的告警。

4）警告告警：warning（缩写为"w"），不影响现有业务，但发展下去有可能影响业务，可视需要采取措施的告警。

告警信息一般包括告警发生的 eNodeB ID、BSC ID、BTS ID、基站名称、告警名称、告警发生时间、告警来源、告警编号以及具体的单板位置信息，如表 10-1、图 10-4 所示。

表 10-1　告警信息示例

BSC ID	BTS ID	BTS NAME	告警名称	告警发生时间	告警来源	告警编号	定位信息
1	175	民主路营业厅	闪断统计告警	2017-10-10 0:23	BSC	1254	框号=5，槽号=21，子系统号=0，发生闪断告警=MLPP 组故障告警……
3	144	碧水鉴	PPP 链路中断告警	2017-10-10 3:23	BTS	17863	基站名称=碧水鉴，基站编号=76，单板类型=CMPT_TRS，单板编号=0……

有的告警直接更换问题单板便可已解决，如射频板增益异常告警；而有的告警则必须进行拨测，进一步确定问题发生的原因，如长时间无用户接入类的告警；还有的告警则必须通过各种测试仪器，分段定位故障的位置，如传输闪断类告警。

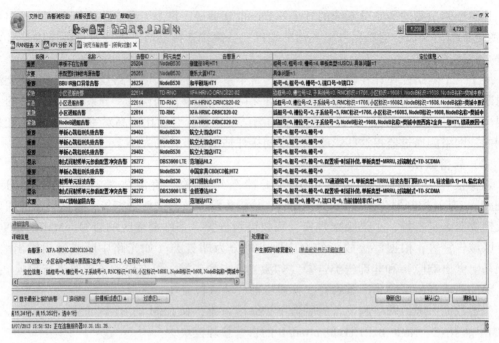

图 10-4　告警信息参考

（3）话统数据

话统数据是网络运行状况和网络性能质量在一个较大范围的统计值。目前，运营商评估网络性能仍然是以话统指标为主要依据。

话统指标根据统计的范围可分为小区级话统、eNodeB 级话统、MME 级话统；根据话统指标定义的方法可分为原始话统指标和自定义话统指标。话统指标定义包含了计数点位置说明和统计计算方法描述。原始话统指标数量多、不易使用，用户可以根据系统优化的需求自定义话统指标，使指标更具针对性，更能直观地反映网络性能的优劣。

根据 KPI 指标分类，话统指标还可以分为接入类指标、保持性指标、移动类指标、业务量指标、拥塞类指标、干扰类指标等，见表 10-2。

表 10-2　KPI 类话统指标（以 LTE 制式为例）

分　类	作　用	举　例
业务量指标	量化网络业务统计资源	VoLTE 话务量，数据业务流量、零话务小区
接入类指标	量化无线网络接入性能	RRC 建立成功率、RAB 建立成功率、CS/PS 接入成功率
保持性指标	量化无线业务的保持性能指标	掉话率、掉线率、呼叫切换比
移动类指标	量化移动持续的指标	切换成功率、互操作成功率、eNodeB 内切换成功率、eNodeB 间基于 X2 口的切换成功率、eNodeB 间基于 S1 口的切换成功率、系统间切换成功率
拥塞类指标	量化系统资源拥塞状况	RRC 拥塞特性、RAB 拥塞特性、寻呼信道拥塞特性、传输信道拥塞
干扰类指标	量化网络干扰情况	上行 SINR、业务信道 BLER

获取话统数据，需创建测量任务，如图 10-5 所示，任务的定义包括测量范围（是小区级别、基站级别，还是 MME 级别），关注的性能指标（如接入成功率、切换成功率、掉话

率、阻塞率等），测量时长，统计间隔，何时输出统计值等。

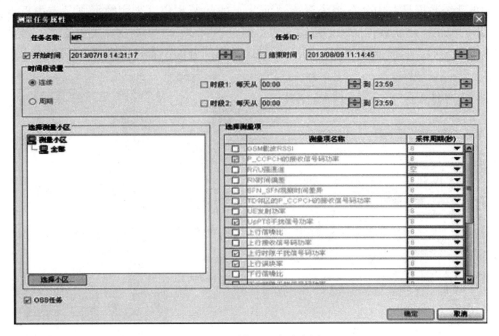

图 10-5 话统测量任务创建

得到话统数据后，首先要查看话统数据是否有异常，排除因为话统软件错误或者话统定义错误导致的问题。eNodeB 话统指标有明显异常的要优先处理，然后重点观察指标异常的室分系统小区。话统数据分析流程如图 10-6 所示。

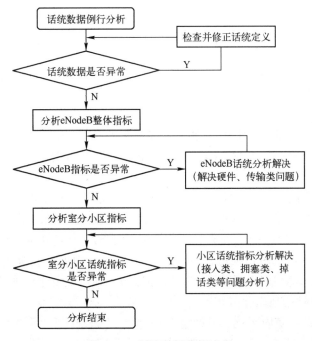

图 10-6 话统数据分析流程

（4）步测数据

如果话统数据是室内分布系统覆盖"面"上的问题收集，步测数据则是室内重点覆盖"线"上的测试。话统数据反映的覆盖面大，但是不具体；步测数据则能够支持后台处理软件的地理化显示，如图 10-7 所示，可以反映出具体问题的位置点，方便分析定位问题。

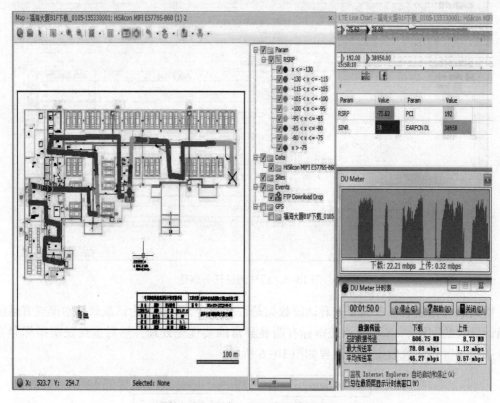

图 10-7　室内 RSRP 步测数据图示

步测数据主要包括信号电平、干扰情况（载干比或信噪比）、业务信道质量（误块率、误比特率）、接入情况、切换情况、掉话情况等。

下面分别介绍：

1）室内覆盖水平测试：以 LTE 为例，主要采集的是导频覆盖电平和干扰的测试数据，如参考信号的 RSRP、SINR、小区 PCI、上传和下载速率及位置信息等，可以得到 RS 信号强度和质量的室内地理化分布图。

2）室内业务信道测试：以 LTE 为例，主要采集的是业务信道的测试数据，如业务信道的 BLER、上下行发射功率、掉话率等。业务信道的覆盖测试与导频信道的覆盖测试方法一样，区别在于测试的信道不一样。业务信道测试可以得到业务信道性能在室内的地理化分布图。

3）室内切换测试：室内切换测试的关键在于把握室内发生切换的具体位置，如电梯口、大厅进出口、停车场进出口及部分高层靠窗区域。在可能发生切换的室内场景，进行重点测试，获取切换事件的地理化分布图。

4）室内干扰测试：室内干扰测试的重点是两个："系统间""室内外"。

系统间干扰测试是指在 2G、3G、LTE 等多制式共用室内分布系统的情况下，使用频谱仪测试各无线制式在天线口杂散信号电平，评估是否满足系统间隔离度要求。

室内外干扰测试是指在室内要测试室外小区的同频、异频干扰信号；在室外楼宇 10 m 处测试室内小区泄漏到室外的干扰信号。

（5）拨测数据

拨测（Call Quality Test，CQT）是"点"的测试，测试范围不同于上面的"面"测试和"线"测试，是在室内重点区域通过定点拨打方式进行覆盖质量的测试方法。室内重点区域主要包括重点客户所在区域、话务量大的区域、电梯进出口、大厅进出口以及容易产生质量问题的特殊区域（如覆盖边缘、窗口边）等区域。

拨测可以是手机打手机、手机打固定、固定打手机或者手机上网等不同方式。通过测试手机显示的信息和网络侧跟踪到的数据来判断室内重点位置的覆盖效果。

拨测方法比较适合测试确定位置的接入类指标、吞吐量指标、时延类指标、误块率指标等，但不适合测试覆盖统计类、移动类的指标。

（6）投诉数据

投诉数据是最接近最终用户主观体验的、反映现网运行质量的数据。在现网中，投诉室内场景网络覆盖问题的比例较大，对于 LTE、5G 新建网络来说，更是如此。

根据数据来源，投诉可分为重点用户（VIP）的投诉，易抱怨用户的投诉、普通用户的投诉；根据问题发生的场所，投诉可分为写字楼的投诉、酒店的投诉、居民区的投诉、高校的投诉、大型场馆的投诉、商场超市的投诉等；根据反映问题的性质，投诉可分为覆盖类问题、接入类问题、掉话类问题、通话质量类问题。

根据投诉的不同分类，可以确定投诉处理的轻重缓急、投诉问题重点处理的场景及投诉问题的定位分析方法。

（7）参数配置

室内系统的问题有一大部分是由参数设置不当引发的。不合理的参数配置会导致室分系统建立时延超长、频繁掉话、数据业务吞吐量低、网络维护效率低等问题。

因此，参数核查是室内覆盖优化阶段的一项重要工作；参数核查的目的是及时纠正参数配置问题，将由于参数配置错误引发的室内分布问题，同室内分布系统的其他工程类问题、性能类问题区别开来。

参数核查包括工程参数核查和无线参数核查两种。

工程参数主要是指天线的选型、天线的位置、天线口功率等参数。核查工程参数要和规划设计的原始方案进行对比，看实际的天线选型、位置、天线口功率和原始方案是否存在差别，差别的原因是什么，哪个方案更合理。

无线参数主要包括功率类参数、接入类参数、移动性相关的参数、容量类参数、QOS 类参数、算法开关类参数等。无线参数的核查要和相关室内场景已有的参数配置经验数据进行对比，找出不同，分析原因。

10.2 诊断——室分问题分析定位

诊断是为了找到病变的具体位置或者病变的根本原因，以便给出具体治疗方案。经常听人说：我头疼、我肚疼。这是病的症状、表象，本质原因可能是一般的感冒、着凉，还有可能是脑血管瘤或者结肠炎等。

　　室分问题的分析定位就是根据大量的测试数据分析室内分布系统问题发生的具体位置和根本原因，以便找到具体的解决方案。

　　比如说，某一室分系统支路驻波比偏高，这是哪个射频器件的问题或者是哪个接口没有做好导致的（问题发生的具体位置）？话统指标的掉话率偏高，这是覆盖太差导致的，干扰太大导致的，还是切换失败导致的（问题发生的具体原因）？某个客户投诉室内的数据业务速率低，究竟是覆盖、容量、干扰的问题，还是参数配置不合理的原因？找到问题发生的具体位置和根本原因，就离找到解决办法不远了。

10.2.1　从症状到根因

　　根据室内分布系统"体检"后获取的数据可以看出，有的给出的是症状、表象，有的则是接近问题解决所需的数据（见图 10-8）。一般来说，话统数据、投诉数据提供的数据多是症状、表象；而告警数据、多次驻波比测试数据则能够帮助定位到发生问题的具体器件；步测数据能够给出室内信号弱、信号质量差发生的具体地方，拨测数据能够给出对室内分布系统具体业务的使用情况，结合呼叫流程、信令跟踪可能定位出问题的具体原因；参数配置出错则是问题的根因，它的表现可能是接入失败、掉话、切换失败等。

a)　　　　　　　　　　　　　　　　b)

图 10-8　问题定位

　　从症状找到根因有时候并不容易，因为症状和根因并不是一一对应的关系，而是多对多的关系，见表 10-3。

表 10-3　室分系统问题的症状及其根因

症　　状	根　　因
驻波比高	射频器件故障
	器件端口安装问题
告警信息	信源板件故障
话务吸收能力不足 室外切换失败多 接入失败 掉话 切换失败 语音质量差数据业务速率低 时延大	覆盖太差 外泄严重 容量不足 干扰太大 邻区配置问题 切换参数问题 其他参数、算法配置错误

10.2.2　两个基本方法

分析定位问题，有两大方法："最典型"思路、"分段定界"思路。这两个思路的共同特点是缩小关注范围。室分问题有时候纷繁芜杂、林林总总、找不到突破口。利用这两种分析问题的思路，可以逐步理清问题发生的根因。

"最典型"思路是一种抓主要矛盾或者抓矛盾主要方面的方法。这种思路在管理学中经常使用。如很多人上班迟到，法不责众，怎么办？"抓典型！"把最晚到的人抓到给予惩罚，可以逐渐解决这个问题。

在室内分布系统的优化过程中怎么"抓典型"呢？找最差小区、问题最多楼层、质量最差的天线支路、投诉最多的地方、投诉最多的用户、投诉最多的终端。

从室分系统"体检"获取的数据中找到这些最典型的问题点，进行对比分析，相互验证，即可找到解决主要矛盾的根本原因。

"分段定界"思路是排除法或者聚焦法的一种应用。

一个室分问题出现，它可能是终端问题、空中接口的问题（主要是覆盖、干扰）、室分系统问题、RRU 问题、BBU 问题、传输问题、MME 问题、SGW 问题；也可能是软件问题、硬件问题、参数配置问题（主要是切换参数、小区参数）；如果是多系统共用室分系统，可能是一个系统的问题，也可能是另外一个系统的问题。

首先根据问题发生的范围初步排除问题不可能发生的位置。

如问题只发生在某个天线口上，而不是室分系统某小区的所有天线，那很可能是这个天线支路发生问题，而不是 RRU、BBU、eNodeB、MME、SGW 等网元发生的问题。

如果是几个制式共用的室内分布系统，其中仅有某个制式发生问题，而其他制式没有问题，那有可能不是室分系统合路部分的问题，而是该制式强相关的问题。如果是参与合路的所有制式都发生该问题，那么一定是合路部分出现了问题。

如果某个问题发生的范围很大，不仅某室内小区有这个问题，而且和它同 MME 下的其他小区也有类似的问题，那问题最有可能在 MME 上。

然后，把整个室分系统进行"分段"，如图 10-9 所示。先从终端、空中接口、室分系统，再到信源侧各网元，逐段进行分析。"定界"就是把问题锁定在某个范围内。

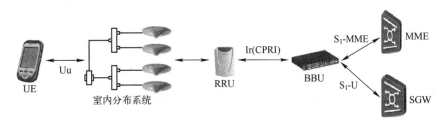

图 10-9　室内分布系统问题定位的分段定界法

统计表明，由于弱覆盖、干扰导致的空中接口问题发生的概率很大，解决了空中接口问题，就解决了 70% 以上的室分问题。所以优先在"空中接口"上定位问题，从终端侧、网络侧两个方向跟踪信令、收集数据，定位"空中接口问题"发生的具体位置，主要原因。

10.3 治疗方案——室分问题优化调整

经过对室内分布系统"体检"数据的"诊断"分析，找到了室分"病"发生的根因，接下来要给出"治疗方案"了，即室分系统的优化调整方法。调整完成后，要进一步验证问题是否解决，使问题闭环。

经过诊断分析后的室内分布问题分为以下几类：硬件问题、覆盖问题、容量问题、干扰问题、切换问题。这些是室内分布问题的主要类型，解决了这些问题，室内分布系统90%以上问题就可以解决了。

那么这些室内分布问题如何解决呢？

10.3.1 硬件问题

室分系统的硬件问题一般包括天线故障、射频器件故障、信源板件故障、光纤或馈线线路损坏、相关接口松动等。硬件问题常表现为网管告警和话统指标异常，见表10-4。

表10-4 室分系统硬件问题告警及处理意见

名 称	告警重要程度	产生告警原因	告警影响	处理办法参考
用户面承载链路故障告警	重要告警	当检测到本端无法和对端正常通信时，产生此告警	该用户面承载的业务无法正常进行	配置原因：配置用户面承载对端路由 硬件原因：更换该用户面承载所在单板硬件
SCTP链路故障告警	重要告警	当基站检测到SCTP链路无法承载业务时，产生此告警	导致SCTP链路上无法承载信令	和对端设备配置参数协商一致 配通到对端的路由 排查对端设备的故障 解除SCTP链路闭塞
X2接口故障告警	重要告警	当底层SCTP链路故障、X2AP协议层因配置错误或者对端eNodeB异常无法建立连接时，产生此告警	基站无法继续支持与对应基站间的X2接口切换流程，无法继续支持与对应基站间的小区干扰协调过程	重新配置X2接口 恢复本端或者对端小区的正常状态 解除SCTP链路闭塞 查看本端基站是否在对端基站黑名单中
小区不可用告警	重要告警	当网元三次无应答时判定，网管和网元的通信状态为断连，上报本告警	在物理资源不足、物理资源故障或物理资源被闭塞的情况下，小区状态会因为无可用的物理资源而变为不可用	确保License资源充足 确保单板工作状态正常 确保CPRI资源充足 确保小区使用的基带单元可用 确保射频单元收发通道无故障 解除S1信令链路故障 确保时钟资源可用
射频单元Ir接口异常告警	重要告警	当射频单元与对端设备（上级/下级射频单元或BBU）间接口链路（链路层）数据收发异常时，产生此告警	影响BBU和RRU之间通信	排查射频单元或对端设备的光纤接头或光模块是否插紧，或光纤链路故障

（续）

名　　称	告警 重要程度	产生告警原因	告　警　影　响	处理办法参考
射频单元 驻波告警	重要告警	当射频单元发射通道的天馈接口驻波超过了设置的驻波告警门限时，产生此告警	天馈接口的回波损耗较大，导致实际输出功率减小，小区覆盖减小	查看用户设置的驻波比告警门限是否过低 跳线安装是否不规范 天馈接口的馈缆接头是否合格 射频通道是否存在未拧紧、进水或存在金属碎屑等异物 天馈接口连接的馈缆是否存在挤压、弯折或馈缆损坏 射频单元硬件是否存在故障
星卡锁星 不足告警	重要告警	搜星不足 4 颗，上报锁星不足告警，搜星足够立即恢复	如果该告警一直存在，最终会导致基站 GPS 时钟源不可用	查看 GPS 安装是否规范，查看时钟源是否正常
小区退服告警	紧急告警	当小区建立失败或小区退出服务，并且原因不是配置管理员人为闭塞时，产生此告警	小区建立失败，所有业务中断	查看小区状态，检查小区所在基站状态，看是否存在供电、传输、硬件、天馈故障

一般情况下，器件老化是导致硬件问题的主要原因。网络侧设备提供的监控报警功能可及时发现硬件问题，并初步对故障点进行定位。

工程安装失误也是出现硬件问题的重要原因。在工程中，光纤、馈线的过度弯曲导致的线路中断；工程安装过程中，防水、防雷、防静电没有做到位，也会导致硬件故障；器件之间连接端口安装松动、不规范，会导致系统非线性度增加，驻波比升高。

更换故障硬件是解决硬件问题的主要方法。由于工程安装导致的硬件故障、接口松动问题必须要求工程整改，防止频繁出现类似问题。

10.3.2　覆盖问题

常见的室内分布系统的覆盖问题如下：

1）特定区域的盲覆盖、弱覆盖。在结构复杂的楼宇内部，存在着一些相对封闭的空间，如电梯间、楼梯、卫生间、封闭的会议室、高层的隔墙覆盖区域等。这些地方易发生盲覆盖、弱覆盖的问题。

2）无主服务小区。在建筑物的窗口区域，很可能飘进来一些室外小区的信号。多个过强的室外信号在室内区域形成导频污染，较弱的室外、室内信号则会导致无主服务小区。

3）室外信号在室内形成主导。在室内区域，室内小区没有成为主服务小区，话务被室外小区吸收了过去。

4）室内信号外泄。在室外区域话务较多的区域，收到了室内小区的信号。

解决室内分布系统覆盖问题的主要优化调整手段有工程参数调整、无线参数调整。工程参数调整主要是指增加天线、调整天线位置、调整定向天线的方位角及下倾角、增加基站。无线参数调整主要是指功率参数、功控参数的调整。

解决室内分布系统覆盖问题的主要思路有增强覆盖、抑制覆盖两个方向。

在室内的特定区域，解决弱覆盖、盲覆盖、无主服务小区的方法就是增强室内小区的覆盖。但有时候，由于物业的原因，难以增加天线、难以调整天线位置，就无法增强室内小区的覆盖了。在万不得已的情况下，看是否可以利用室外信号弥补室内覆盖，如果附近没有合适的室外小区，那就不好办了。

解决室内无主服务小区、室内分布话务吸收少的方法是增强室内小区覆盖，抑制室外小区覆盖。但在楼宇高层，由于信号比较复杂，调整起来比较困难。尽量减少室外站址的高度、控制室外小区的覆盖范围，可以减轻导频污染对室内覆盖的影响。

解决室内信号外泄的方法就是抑制室内信号的强度。调整室内天线位置、降低室内天线口功率可以控制室内信号外泄。

MR（测量报告）弱覆盖是网络优化重点关注指标之一，也是导致 LTE 驻留比低的重要原因。LTE 室分系统的 MR 弱覆盖有以下几类情况：告警类、邻区类、外泄类、无源器件故障类、深度覆盖类等。

MR 弱覆盖问题排查处理流程如图 10-10 所示。

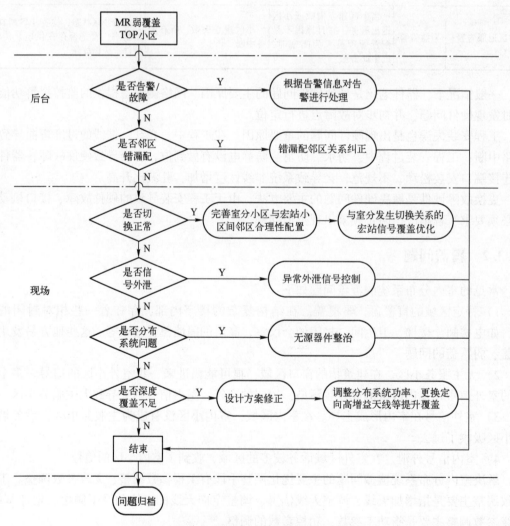

图 10-10　LTE 室内 MR 弱覆盖问题处理流程

根据 MR 弱覆盖成因，MR 弱覆盖排查遵循由近到远、由内到外的室内分布排查原则逐步进行。

首先，排查和 MR 弱覆盖强相关的告警。射频通道故障、射频功率不足，可以触发相应告警。

然后，对无告警导致的 MR 弱覆盖小区，核查室内外邻区关系。错误配置（如频点、TAC、PCI 等）可能导致无法正常完成切换，从而导致 MR 弱覆盖。

接着，进行现场测试定位，关注室分小区各出入口切换是否正常，对于存在漏配最优邻区的，需完善最合理邻区关系；对于室外宏站信号覆盖不足的，调整室外宏站，增强在室分小区出入口区域的信号覆盖；在明显产生外泄的室内天线前端，加衰减器控制室分外泄。

结合设计图纸，对分布系统的每个天线进行遍历性测试，判定天线输出是否正常，如发现异常，则可能是无源器件故障，应及时更换。

如果上述过程均有问题，应重点查看是否由于天线点位不足、建筑室内结构布局导致信号阻挡严重，如地下层与标准层或出口处，天线的布放没有充分考虑信号的连续性，使得交叠处存在弱覆盖。

10.3.3　容量问题

室内分布系统容量不足，会导致用户接入失败、掉话、通话质量下降、数据业务速率低、时延增大、室内分布吸收话务的能力降低等问题。

容量问题是一个资源利用率的问题。资源利用率太高，阻塞率必然增加，导致用户的通信质量恶化；但资源利用率太低，将导致资源浪费，投资收益率下降。规避室内分布系统容量问题的一个方法就是定时监控系统的资源利用率，在资源利用率过高时及时进行精确扩容。通过分析话统数据，如拥塞情况、信道占用时长、数据业务吞吐率、话务趋势等，也可以反映出资源利用率的大小。

室内分布系统的资源包括基带资源、功率资源、码资源、传输资源等，这些资源要和室内分布的话务吸收能力匹配起来。

扩容是解决容量不足的最佳途径，但也是成本最高的途径。在暂时无法扩容的情况下，还可以通过以下途径进行资源优化：

1）均衡室内外话务（谨慎使用）。室分系统和周边基站进行必要覆盖调整，使室外小区吸收部分室内区域的话务，如地下室、一楼门厅等。根据室内外业务流量分布规律和发展趋势，制定室内外负载均衡策略。

2）流量控制、准入控制。通过调整室分小区相关的流量控制、准入控制、负载控制参数，来避免系统的大话务冲击。

3）优先保障重要用户和重要业务。降低普通用户的通信质量，保障 VIP 用户的通话质量。

10.3.4　干扰问题

室分系统常见的干扰有以下几种。

（1）有源器件引入造成的干扰

直放站、干放的引入导致室分系统底噪抬升；射频直放站施主天线和业务天线安装不合理，存在重叠区域，可能引起直放站自激；干放在输入信号太强时，容易进入饱和区，导致干扰升高；有源器件使用时间太长之后，会不断老化，导致系统非线性度增加，干扰也随之增加。

（2）无源器件安装不规范造成的干扰

无源器件的端口松动、附近有强磁强电、金属物体的影响，会产生大量的杂散和交调干扰。

（3）多系统共存带来的干扰

一个楼宇有多种系统共存时，不共天馈时则空间隔离度不足，共天馈时则合路器隔离度不够，都会给系统带来干扰。

（4）室外信号对室分系统信号的干扰

在室内的靠近窗口区域，特别是楼宇高层，会飘入很多室外的强信号，对室内信号造成干扰，引起通话质量下降、掉话。同样地，如果室内覆盖信号过强，也会泄漏到室外宏小区，对室外同频小区造成干扰。

（5）室分系统自身容量增加带来的干扰

用到 CDMA 原理的无线制式，如 CDMA2000、WCDMA、TD-SCDMA，都是自干扰系统。随着接入用户数的增加，系统容量也相应增加，干扰自然增多。

采用 OFDM 原理的无线制式，如 LTE、WLAN、5G，均有可能存在符号间干扰和小区间子载波干扰，随着用户规模的上升，系统资源可能存在瓶颈，边缘用户的速率会受到很大影响，必要时，需要通过增加载波或增加小区来缓解。

（6）系统外干扰源

对讲机、电视台、雷达、手机干扰器等其他单位使用的、对无线系统有很大影响的干扰源。

常规的干扰调整思路有消除干扰、抑制干扰、规避干扰。

消除干扰是指直接查找干扰源，清楚干扰源；对一些老旧有源器件、无源器件进行更换，对不满足系统间隔离度的系统按照施工规范进行改造。

抑制干扰是通过调整功率参数、功控参数、频率扰码的重整、负荷控制参数来降低对室分系统的干扰，但没有从根本上消除干扰。

规避干扰是通过调整室内外天线的位置、方向角、下倾角，使之避开干扰信号来的方向。

10.3.5　切换问题

切换问题的解决应该在解决完室分系统的硬件问题、覆盖问题、容量问题、干扰问题之后再考虑，因为这些问题都可能导致切换问题的发生。最终用户直接感觉到的可能是接入失败、掉话、通话质量不好，但一般很难直接意识到这些问题可能和切换问题有关。

正常的切换是指一次业务连接在多个小区间移动时连续无中断，业务质量没有明显恶化。室内正常切换的前提是室内小区成为主服务小区、小区负荷合理、无明显干扰、切换参数设置合理。

室内分布系统的切换问题常发生在室内外出入口、电梯进出口、室内高层窗口，如图 10-11 所示。

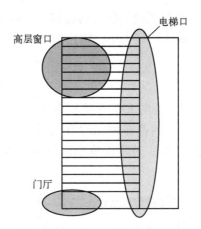

图 10-11　切换问题常发生的位置

常见的切换类问题有如下几种：孤岛效应、乒乓效应、拐角效应和针尖效应。

（1）孤岛效应

室外小区的信号进入室内，在室内小区的部分地方形成过覆盖区域，用户在过覆盖区域内接入网络通话，然后移动出过覆盖区，由于没有配置合适的邻区，导致掉话。在建筑物高层的窗口附近经常会发生孤岛效应。

（2）乒乓效应

室内小区信号与室外小区信号电平强度相差无几，随着室内外小区信号强度在一定范围内的波动，用户终端在室内外小区间不断重选或切换，导致用户通话质量下降。在建筑物出入口、高层窗口容易发生乒乓效应。

（3）拐角效应

用户终端从室外小区进入室内，在某室内拐角处，或者某室内装饰物背后，信号强度突然降低，用户终端没有来得及完成切换，导致掉话。

（4）针尖效应

室外某小区的信号飘入室内，只有在狭长的区域内形成强覆盖。由于没有设置合理的切换参数，使得室内小区在移动时，切换到了该小区，由于该小区信号在室内覆盖范围小，容易导致掉话。

室内切换问题的解决方案有以下方法：

1）明确主服务小区。室内小区在室内区域的天线口导频功率应比室外小区进入室内的信号高 5 dB，以便在室内区域明确室内小区为主服务小区。通过调整室内小区的天线位置、天线口功率，增强室内小区的覆盖，同时抑制室外小区进入室内的信号强度和范围，控制对室内小区的干扰。

2）邻区、频率、扰码、PCI 的优化。在发生切换失败的位置，如大门口、电梯口、窗口，查看邻区配置是否合理，是否存在同频干扰（如 GSM、TD-SCDMA），同扰码组的干扰（如 TD-SCDMA），LTE PCI 冲突，PCI 模 3 干扰。必要时，进行邻区关系、频率、扰码、PCI 重调。

3）切换、重选参数的调整。移动性相关的参数分为同频、异频、异系统的切换参数、重选参数。这些参数设置的原则是保证室内小区的话务吸收能力，同时在室内信号较弱时，能够顺利切换或重选到室外小区或异系统小区。通过切换、重选参数的调整，设置合理的切换带（重选带）、合理的切换（重选）区大小，防止切换判决过快或过慢。

10.3.6 零流量问题

现网 LTE 覆盖区域内各在网运行的 LTE 小区，基本不存在无 4G 用户的情况。如果现网室分小区出现零流量，一多半原因都是网络存在故障，少数原因是确实存在停电、传输中断、物业暂停、无常住用户等。对零流量小区的跟踪处理，可提高设备在网利用率（见图 10-12）。

图 10-12　零流量问题

零流量问题的排查处理流程如图 10-13 所示。

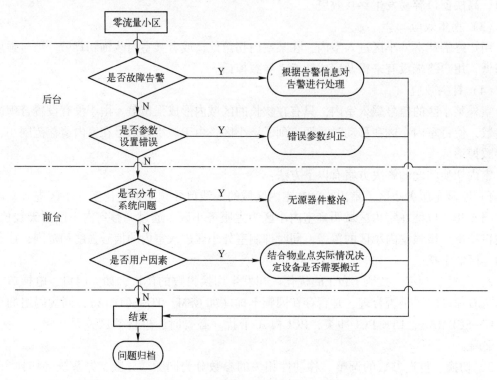

图 10-13　零流量小区问题的排查处理流程

首先，通过网管查询零流量小区在统计周期内是否存在告警，确认告警发生时间与指标统计周期是否吻合。

表 10-5 中的告警易致使室分无法承载业务。

表 10-5　可能导致零流量的告警

告　　警	影　　响
单板闭塞告警	单板承载的业务中断
板间业务链路异常告警	通信双方单板可能无法正常工作，导致单板承载的业务中断
射频单元维护链路异常告警	射频单元承载的业务中断
配置文件损坏告警	配置文件非法时，系统部分或全部的配置数据丢失，可能造成网元无法正常提供业务
射频单元光模块类型不匹配告警	该射频单元的 Ir 接口 CPRI 不能正常通信，射频单元承载的业务中断

然后，在网管中查看接入类参数的配置，看是否存在室分小区使用户无法正常接入的不恰当参数配置，如参考信号功率、最小接入电平、禁止接入开关等设置是否存在异常。

接着，对室内各处覆盖情况进行现场测试，查看是否存在室分信号太弱或无信号的现象。重点关注 RRU 出口的关键器件。现场核查室分设备是否完好，是否存在被破坏的情况。

最后，通过现场勘查，确认覆盖场景是否存在停业倒闭或者装修的情况。这也是导致长期无用户、无流量的一个原因。

第 **11** 章
毕业与面试——室内分布项目验收

古语说的好："学成文武艺，货与帝王家。"对于现在的大学生来说，学校给颁发毕业证、学位证，这标志着"学成文武艺"（室分系统完成了规划设计、施工建设、优化调整）；然后，通过企业的面试，才能够"货与帝王家"（通过客户组织的验收）。企业的面试，一般都会有一系列面试流程（验收流程），规定了先面试什么内容，后面试什么内容。面试又分为很多种类，有综合素质面试、专业技术面试等。综合素质面试基本上是对学生的言谈举止、精神面貌、身体素质的面试（类似室分系统里的工程验收环节）；专业技术面试是在某一个专业技术方向上对学生进行考核（类似室分系统里的业务性能指标测试）。

室内分布系统的验收环节是室分系统建设项目的重要环节，标志着辛勤劳动的成果最终被客户认可。客户认可并不是轻而易举的事情，他要用非常专业的挑剔的眼光、一步一步地（验收流程）对室分系统的各个方面（验收项目）进行查验（见图 11-1）。

图 11-1　验收

判断验收是否过关其实涉及两个方面的内容：验收标准、验收测试结果。过关的条件是验收测试结果好于验收标准。

11.1 细化标准——室分性能指标

评估室分系统工程质量的好坏不能是主观拍脑袋的行为，应该确定可度量的量化标准，通过大量的测试，看其是否达标。当然，不同的无线制式，不同的室内覆盖场景，要根据其无线技术的特点、场景覆盖的难度，有不同的标准。

验收标准的制定要遵循 SMART 原则，即 Specific（标准要具体）、Measurable（可衡量、可量化）、Attainable（有挑战性、又可达到）、Relevant（和室分系统性能相关）、Time-based（工程有时间限定）。

初步验收 TD-LTE 室内分布系统时，可以采用室内遍历步测的方法，得到下行峰值速率和小区平均速率的室内地理化分布图，确定目标覆盖区域是否达到如下指标：

单通道LTE 室内分布系统：下行峰值速率>40 Mbit/s、平均速率>20 Mbit/s

双通道LTE 室内分布系统：下行峰值速率>80 Mbit/s（终端 Cat 4）、平均速率>40 Mbit/s、双路调用比例>60%。

当然，客户详细的性能验收指标比较复杂。下面以 TD-LTE 室内分布系统的性能指标为例，介绍室内分布系统的参考性能指标，见表 11-1。具体无线制式、具体场景还要区别对待。

表 11-1 LTE 室内分布系统性能指标参考

验收项目	验 收 子 项	指 标 要 求
工程质量	安装工艺	相关安装规范
	驻波比	系统驻波比<1.5
	有源器件	相关安装规范
	加载测试	RSSI 上升小于 5 dB
室分系统覆盖质量指标	LTE 步测覆盖率	ATU 自动路测 RSRP≥-110 dbm 且 SINR≥-3 dB 的采集点占比 95% 以上
	LTE MR 覆盖率	LTE MR RSRP≥-110 dBm 的采样点占比大于 90%
VoLTE性能指标	RRC 连接建立成功率	>99%
	RAB 连接建立成功率	>99%
	无线接通率	>99%
	AMR-WB 呼叫建立成功率	>98%
	MOS 值	>3.5
	掉话率	<1%
	eSRVCC 切换成功率	>95%
	AMR-WB 上行 BLER	1%
	AMR-WB 下行 BLER	1%
数据业务性能指标	应用层下载速率	>15 Mbps
	物理层下载速率	>40 Mbit/s（单路），>80 Mbit/s（双路）
	MR 丢包率	≤5%
	LTE 边缘吞吐率	1 Mbit/s

11.2　先过自己这一关——验收流程

当室分系统的施工建设和优化调整完成之后，就可以进入验收流程了。根据室分系统项目启动时确定的验收要求，制定验收计划。验收计划包括测试楼层、测试路线、验收工具、验收内容、验收时间表等内容。

测试楼层一般有逐层测试和隔层测试两种。对于驻波比测试项目，应该逐层进行，对于安装工艺的验收也应该遍历所有楼层。但是对于建筑结构相似、室分系统规划设计相同的楼层，覆盖测试、干扰测试、业务功能测试则无需逐层测试，只需要在楼宇的高、中、低处各选典型的楼层进行测试便可。测试路线应该遍历典型楼层的所有重要位置，如窗口、电梯口、较为封闭的区域等等可能出现覆盖问题的区域。

室内分布系统验收需要准备的工具有驻波比测试仪、便携机、测试手机、频谱分析仪等。

在接受客户验收之前，要先过自己这一关。按照验收要求上规定的内容自己先测一遍。在测试过程中如发现某区域覆盖太差、干扰太大、切换频繁，记录下具体的位置以及相应的电平值、通话质量。测试完成后，对不合格的地方进行整改。

自己这一关过去以后，就可以向客户提出验收申请，客户要进行工程验收和业务性能验收，对于不合格的地方要协助整改。所有的验收项目通过以后，就可以提交验收报告，完成工程移交。室分系统的验收流程如图 11-2 所示。

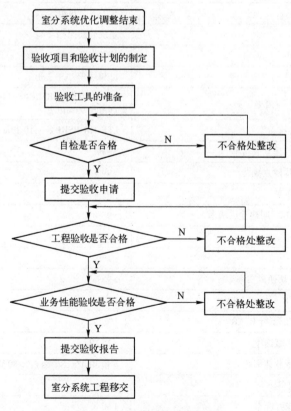

图 11-2　室分系统验收流程

11.3　基础素质达标——工程验收

一个合格的、对社会有用的人才首先是身体素质过硬、言谈举止得体的人。这些基础素质达标，他所学的专业技能才能最大程度发挥作用，取得成绩。否则，身体不好，难担大任；言谈举止不妥，难以有效和人沟通，无法在团队中生存。这样他所学的专业技能就无大的用武之地了。

室分系统的"基础素质"包括安装工艺的规范性、室分器件的可靠性（驻波比测试、有源器件测试）、系统性能的稳定性、干扰控制的有效性、室内覆盖的全面性等。工程验收就是要确定这些"基础素质"是否达标。

（1）安装工艺的规范性

安装工艺的规范性必须在现场进行检查，包括以下工作：

施工是否严格按照设计方案进行？ 射频器件的实际使用量、电缆的实际长度（长度正误差应小于10%）与规划设计方案是否一致？

施工工艺检查： 射频器件是否符合安装规范的要求；馈线排列是否规范整齐；是否做到合理的防水、防雷、防静电；天线安装是否牢固、美观；设备、器件、馈线的标识是否清晰等。

（2）驻波比验收

驻波比测试是衡量室分系统厂家集成能力的重要指标，和射频器件的选型、系统的安装工艺水平有直接的关系。

驻波比验收测试的范围可以是信号源所带的无源分布系统、干放所带的无源分布系统，还可以是平层天馈支路，甚至可以是单个天线自身。

先将驻波比测试仪接到信号源所带的室分系统无源部分，这可以是室分系统的总节点；测试其无源系统总驻波比，看是否满足无源系统整体驻波比<1.5。如果无源系统整体驻波比太大，就应该分别在每层天馈部分总节点处测试其平层无源系统的总驻波比，要求每层天馈系统的驻波比都要<1.4。驻波比大的平层天馈支路，需要进行整改；驻波比大的天线，需要更换。

（3）有源器件验收

直放站性能验收测试项目包括直放站输入信号强度、直放站下行输出功率、直放站下行增益、直放站上行底噪、直放站上行增益、直放站下行通道杂散发射、直放站下行通道输入互调等。

射频直放站需要查看施主天线、业务天线是否安装规范，方向是否合理，检查是否可能出现自激。使用直放站时，要尽量避免直放站和非施主基站小区交叉覆盖一个区域，避免邻区、频率、扰码等参数规划困难、干扰难以控制。

干线放大器性能验收测试项目包括干线放大器输入信号强度、干线放大器下行输出功率、干线放大器下行增益、干线放大器上行增益。一定要避免室分系统上下行不平衡的覆盖问题出现。

干放经常容易出现器件老化、线性度恶化等问题，长时间加载测试才可以发现这些问题。要查看干放布放的环境是否通风，温度、湿度条件是否适宜。长时间不通风、温度过高、湿度不合适都会导致干放故障率上升。

（4）室内覆盖验收

室内覆盖验收包括两个方面：一是天线口输出功率的验收；二是覆盖效果的验收。

可以将跳线上的室内天线拆下来，直接接入测试用频谱仪，读取信号强度，对比设计方案中该天线口的输出电平，看是否满足要求。

室内覆盖验收测试包括步测、拨测两种方式，主要测试的是室内小区在典型位置（如拐角、电梯口、办公区、客房内、窗口等）的覆盖情况及在室外离建筑物 10 m 处的外泄情况。

拨测的目的是从最终用户体验的角度对施工质量进行验收。在测试过程中，选择典型楼层的典型位置并测试足够长的时间（每次通话时间须大于 30 s）、足够多的测试（每点至少拨测 5 次）。测试时，记录室内服务小区的 ID，所在的楼层号及测试点的位置（用平面图表示）；还要记录在通话过程中，话音是否清晰无噪声、无断续、无串音、无单通等。

步测的目的是遍历室内典型楼层的主要路线，考察较大范围内导频信号的覆盖水平和覆盖质量。典型楼层包括地下室、非标准层、电梯、标准层（低、中、高各选一层）。

步测还对建筑物外 10 m 处的导频信号电平和信号质量进行测试，评估室内分布系统的信号外泄情况。

（5）加载测试验收

加载测试，也叫作压力测试，验证在高负荷的情况下室内分布系统的稳定性。

加载测试，可以是上行加载测试或者是下行加载测试。上行加载测试是使用多部终端对室内分布系统进行压力测试；下行加载测试是通过系统的后台软件进行的模拟加载。

加载测试后，要观察 RSSI 值大小、UE 发射功率在加载前后的变化情况，记录通话质量，以检验室内分布系统中有源器件的承受能力。如果 RSSI 恶化程度较大，UE 发射功率增加的比例较多，室内分布系统的稳定性就比较差。

（6）干扰水平验收

用频谱仪测量室内的干扰水平，包括系统外干扰、多系统间干扰、系统内同频异频的干扰。

系统外干扰的特点是和室分系统本身的忙时、闲时没有关系，而多系统间干扰、系统内的同频干扰则不然。当网络忙时，多系统间干扰、系统内的同频干扰非常大；而网络闲时，多系统间干扰、系统内的同频干扰会变得非常小。

为了测试系统外干扰，首先要了解当地的频谱分配情况和已经存在的通信系统，判断可能的干扰源。采用定向天线测试干扰信号强度，找到干扰最强的方向。室外干扰源可以通过驱车三点定位方法，逐步缩小干扰的范围，最终定位到干扰源。根据干扰信号的频谱宽度、分布范围、变化特性和信号强度判断干扰源的性质。

若室内系统多系统共存，如 LTE 和 2G、3G 共系统时，由于射频器件选择的问题和安装工艺的问题，系统间隔离度不满足要求，系统间可能产生杂散、阻塞、交调等类型的干扰。在验收时，要关注多系统共存时，系统间隔离度问题。

系统内的同频干扰多是室外小区对室内小区的干扰，多发生在靠近窗口的区域，在验收时，应该尽量多关注窗口区域存在的干扰。从避免干扰的角度出发，应该增强室内覆盖或者采取室内室外异频方案。

室内多个小区间的干扰一般也发生在窗口、楼梯口等地方，室内其他同频信号可能飘到该层造成干扰。LTE 室内同频组网，容易发生室内多小区间的干扰。

（7）切换验收

切换测试是室内环境移动性指标验收的重要一环。同室外不同的是，室内的移动性主要是步行的速度，完成一次切换允许的时间可以稍长一些。

切换验收的重点位置是室内外出入口、电梯口、窗口、楼梯口等地方。测试时，让测试手机始终保持通话，在这些地方进行多次反复移动。通过测试软件记录呼叫时长、通话质量、切换次数、切换掉话次数。也可以通过话统数据来统计室内小区间和室内室外小区间的切换情况。

在 LTE 中，所有的切换都是硬切换。但在 WCDMA 中，还需要考虑软切换比例的问题。这个比例可以通过话统数据获取。处于软切换区的用户数量不宜过多，也不能太少，一般在30%左右即可。

若室分系统的切换过于频繁、切换失败次数较多，则说明移动性指标较差，这一点验收不能通过，要进行整改。

11.4　专业技能过硬——业务性能验收

建设室分系统的目的是为了承载各种各样的业务，满足最终用户业务使用的需求。这是室分系统的"专业技能"。"专业技能"必须建立在"身体素质"达标的基础之上，见表 11-2。室分业务性能是建立在良好的室分系统工程质量的基础上的。室分系统的业务性能验收就是为了测试室分系统的业务承载能力，通过测试语音业务、视频业务、数据业务的各项指标，看它是否能够达到服务用户的"专业技能"水平。

表 11-2　室分系统的专业技能与基本素质

专业技能	语音业务质量、数据业务质量
基本素质	覆盖效果、容量、干扰水平、切换设置
	室分系统器件选型、安装工艺、天线密度和挂点位置、载频资源

11.4.1　室内 VoLTE 语音业务性能验收

VoLTE 业务包括 VoLTE 语音业务、VoLTE 视频业务。

话音业务测试的主要目的是评估室内分布系统语音覆盖水平和通话质量，发现语音类接入失败、掉话问题、MOS 值低或其他问题，记录问题发生楼层、位置，以便及时整改。

室内覆盖的语音测试可采用短呼叫的方式进行测试。两部终端分别作主被叫，都连接在测试跟踪软件上。在测试软件中设置拨叫、接听、挂机为自动方式，通话时长可设为 30 s（仅供参考），然后空闲 20 s（仅供参考），每个点测试 10 次通话。

室内 VoLTE 语音业务常发生的疑难问题是 MOS 值低、单通、双不通、杂音、回声、串话、断续等问题。

现在语音业务通话质量最常见的评估验收方法是 MOS 测试。MOS（Mean Opinion Score、语音质量平均意见分值）是用语音质量的建模算法来模拟人耳的听觉过程，对语音质量进行判决，然后给出从 1~5 的评价分值。5 分的语音效果就是面对面说话的感觉，而固定电话的语音业务质量可达到 4 分左右，移动电话通话正常的语音质量应该为 3.2~4 分，而 3 分以下的 MOS 值，语音效果就很差了。

MOS 值验收测试可分为空载验收测试和加载验收测试。测试设备包括便携机、MOS 测试盒、测试手机、加密锁、USB 口的 HUB，如图 11-3 所示。

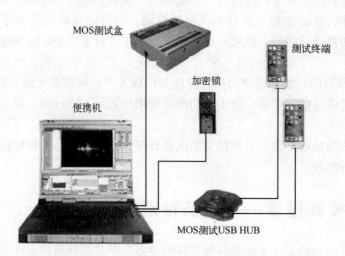

图 11-3　VoLTE 语音业务 MOS 测试图

将测试设备连接好，在室内目标区域进行测试。首先将主被叫的呼叫接通，然后主被叫循环播放一定时长的语音文件；每播放完一次语音文件，MOS 测试盒就会输出一个 MOS 评分。当 MOS 值较低时，应该记录相应的位置。

覆盖太差、干扰过大、切换频繁、传输问题都可能导致语音业务 MOS 值偏低。

在室内语音业务验收测试过程中，还会碰到一些单通、双不通、断续、杂音、回音、串话等问题。

单通是指在通话过程中，对方在讲话，但听不到对方的声音，也就是说手机在已建立的下行信道上接收不到语音数据包；双不通是指在正常通话过程中，双方都听不到对方的声音；断续是指在正常通话过程中，偶尔某些字听不到，感觉到对方说话断断续续；杂音是指在通话过程中出现"金属刮擦"声、"咔咔"声等使听觉不舒服的声音；回声是指在正常通话过程中听到了自己的声音，分电学回声和声学回声两种；串话是指在正常通话过程中，听到了第三者的声音。

发生了这些语音业务质量问题，需要定位、解决问题，以后再重新进行评估验收。

视频通话主要检验室内分布系统对视频业务的承载能力。测试设置和语音业务测试类似。视频通话实际上包括语音和视频两种业务。其中，语音质量的评估可以采用上面的方法；视频质量差的直观感受是马赛克增多、画面扭曲、不清晰，一般用拨测、步测的手段，在网络侧跟踪其上下行误块率，来发现视频质量的问题，如图 11-4 所示。

图 11-4 VoLTE 视频验收

11.4.2 室内数据业务性能

数据业务在室内发生的比例较大。2G 中的数据业务包括 GPRS、EDGE；3G 中的数据业务一般有 PS64k、PS128k、PS384k，还有 HSDPA 业务；LTE 的数据业务没有这样的分类，但决定其下载和上传速率有单通道 MIMO，还是双通道 MIMO，有无支持 CA（载波聚合），是几个载波的 CA。

室内数据业务的常见问题是速率慢、接入时间太长、接入用户数受限等。上网用户的直接感受就是下载文件慢或页面刷新慢，有时甚至出现超时无响应的现象，如图 11-5 所示。

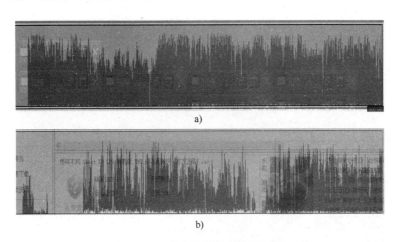

图 11-5 室内数据业务速率跟踪

a）数据业务正常下载速率 b）数据业务速率断续

数据业务的验收测试可以使用手机或者数据卡，主要测试单用户在不同位置的最大下载速率、同时在线的用户数目、用户使用数据业务的时延等指标。通过对数据业务的测试，评估室分系统对数据业务的承载能力。

　　室内数据业务问题一般都和覆盖太差、干扰过大有关，即提高室内区域的信噪比是解决数据业务问题首先考虑的方法。数据业务评估验收之前，要对室分系统的覆盖水平、干扰水平进行评估。

　　在完善覆盖、控制干扰之后，要评估室内小区资源利用效率。忙时资源利用效率过高会使数据业务用户接入困难、已经接入网络的用户速率慢、交互时延增大。找出室内的超忙小区，有针对性地进行扩容或者小区分裂，可以提高数据业务的质量。

　　接下来，对数据业务信道的参数配置、资源调度算法等参数进行检查，看是否有影响数据业务性能的错误配置。

参 考 文 献

［1］3GPP. Vocabulary for 3GPP Specifications：3GPP TR 21. 905 ［S］. ［S. l. s. n］, 2018.

［2］3GPP. Feasibility Study of Evolved UTRA and UTRAN：3GPP TR 25. 913 ［S］. ［S. l. s. n］, 2009.

［3］3GPP. Base Station (BS) radio transmission and reception (FDD)：3GPP TS 25. 104 ［S］. ［S. l. s. n］, 2018.

［4］3GPP. Base Station (BS) radio transmission and reception (TDD)：3GPP TS 25. 105 ［S］. ［S. l. s. n］, 2017.

［5］3GPP. Evolved Universal Terrestrial Radio Access (E-UTRA)；User Equipment (UE) radio transmission and reception：3GPP TS 36. 101 ［S］. ［S. l. s. n］, 2018.

［6］3GPP. Evolved Universal Terrestrial Radio Access (E-UTRA)；Base Station (BS) radio transmission and reception：3GPP TS 36. 104 ［S］. ［S. l. s. n］, 2018.

［7］3GPP. Evolved Universal Terrestrial Radio Access (E-UTRA)；Requirements for support of radio resource management：3GPP TS 36. 133 ［S］. ［S. l. s. n］, 2018.

［8］3GPP. Evolved Universal Terrestrial Radio Access (E-UTRA)；Long Term Evolution (LTE) physical layer；General description：3GPP TS 36. 201 ［S］. ［S. l. s. n］, 2018.

［9］3GPP. Evolved Universal Terrestrial Radio Access (E-UTRA)；Physical channels and modulation：3GPP TS 36. 211 ［S］. ［S. l. s. n］, 2018.

［10］3GPP. Evolved Universal Terrestrial Radio Access (E-UTRA)；Multiplexing and channel coding：3GPP TS 36. 212 ［S］. ［S. l. s. n］, 2018.

［11］3GPP. Evolved Universal Terrestrial Radio Access (E-UTRA)；Physical layer procedures：3GPP TS 36. 213 ［S］. ［S. l. s. n］, 2018.

［12］3GPP. Evolved Universal Terrestrial Radio Access (E-UTRA)；Physical layer-Measur-ements：3GPP TS 36. 214 ［S］. ［S. l. s. n］, 2018.

［13］3GPP. Evolved Universal Terrestrial Radio Access (E-UTRA) and Evolved Universal Terrestrial Radio Access (eUTRAN)；Overall description；Stage 2：3GPP TS 36. 300 ［S］. ［S. l. s. n］, 2018.

［14］3GPP. Evolved Universal Terrestrial Radio Access (E-UTRA)；Services provided by the physical layer：3GPP TS 36. 302 ［S］. ［S. l. s. n］, 2018.

［15］3GPP. Evolved Universal Terrestrial Radio Access (E-UTRA)；User Equipment (UE) procedures in idle mode：3GPP TS 36. 304 ［S］. ［S. l. s. n］, 2018.

［16］3GPP. Evolved Universal Terrestrial Radio Access (E-UTRA)；User Equipment (UE) radio access capabilities：3GPP TS 36. 306 ［S］. ［S. l. s. n］, 2018.

［17］3GPP. Evolved Universal Terrestrial Radio Access Network (eUTRAN)；Layer 2-Measurements：3GPP TS 36. 314 ［S］. ［S. l. s. n］, 2018.

［18］3GPP. Evolved Universal Terrestrial Radio Access (E-UTRA)；Medium Access Control (MAC) protocol specification：3GPP TS 36. 321 ［S］. ［S. l. s. n］, 2018.

［19］3GPP. Evolved Universal Terrestrial Radio Access (E-UTRA)；Radio Link Control (RLC) protocol specification：3GPP TS 36. 322 ［S］. ［S. l. s. n］, 2018.

［20］3GPP. Evolved Universal Terrestrial Radio Access (E-UTRA)；Packet Data Convergence Protocol (PDCP) specification：3GPP TS 36. 323 ［S］. ［S. l. s. n］, 2018.

［21］ 3GPP. Evolved Universal Terrestrial Radio Access（E-UTRA）；Radio Resource Control（RRC）；Protocol specification：3GPP TS 36. 331［S］.［S. l. s. n］, 2018.

［22］ 3GPP. Evolved Universal Terrestrial Radio Access Network（eUTRAN）；Architecture description：3GPP TS 36. 401［S］.［S. l. s. n］, 2018.

［23］ 3GPP. Evolved Universal Terrestrial Radio Access Network（eUTRAN）；S1 layer 1 general aspects and principles：3GPP TS 36. 410［S］.［S. l. s. n］, 2018.

［24］ 3GPP. Evolved Universal Terrestrial Radio Access Network（eUTRAN）；S1 layer 1：3GPP TS 36. 411［S］.［S. l. s. n］, 2018.

［25］ 3GPP. Evolved Universal Terrestrial Radio Access Network（eUTRAN）；S1 signalling transport：3GPP TS 36. 412［S］.［S. l. s. n］, 2018.

［26］ 3GPP. Evolved Universal Terrestrial Radio Access（E-UTRA）；S1 Application Protocol（S1AP）：3GPP TS 36. 413［S］.［S. l. s. n］, 2018.

［27］ 3GPP. Evolved Universal Terrestrial Radio Access Network（eUTRAN）；S1 data transport：3GPP TS 36. 414［S］.［S. l. s. n］, 2017.

［28］ 赵训威, 林辉, 张明, 等. 3GPP 长期演进（LTE）系统架构与技术规范［M］. 北京：人民邮电出版社, 2010.

［29］ 龙紫薇. LTE TDD 与 LTE FDD 技术比较［J］. 人民邮电报, 2008, 11：7.

［30］ 曲嘉杰, 龙紫薇. TD-LTE 容量特性及影响因素［J］. 电信科学, 2009, 25（1）：48-52.

［31］ 汪勇刚. 3G LTE 简介［J］. 现代通信, 2006（6）：2-6.

［32］ 孙天伟. 3GPP LTE/SAE 网络体系结构和标准化进展［J］. 广东通信技术, 2007, 27（2）：33-39.

［33］ 单志龙, 史景伦, 熊尚坤. MIMO 技术原理及其在移动通信中的应用［J］. 移动通信, 2009, 33（12）：31-34.

［34］ 江林华. LTE 语音业务及 VoLTE 技术详解［M］. 北京：电子工业出版社, 2016.

［35］ 孙宇彤. LTE 教程：原理与实现［M］. 北京：电子工业出版社, 2014.

［36］ 韦乐平. 三网融合的发展与挑战［J］. 现代电信科技, 2010, 40（2）：1-5.

［37］ 王振世. 实战无线通信应知应会—新手入门, 老手温故［M］. 2 版. 北京：人民邮电出版社, 2017.

［38］ 王振世. LTE 轻松进阶［M］. 2 版. 北京：电子工业出版社, 2017.

后　　记

本书的内容来源于无线通信理论和室内覆盖场景实战经验的结合。理论只有落地实施才能发挥其价值；经验只有升华提炼才能不断传承下去。没有融会贯通的无线理论知识，没有踏踏实实的室分系统的项目锤炼，是不会产生室分系统的项目专家的。

我以前有个同事，参加了一个室内分布的优化项目，就号称"自己是室分优化的No.1"。在一次客户交流时，客户问及某大楼室分问题时，他武断地说："这里的室分问题100%是天线密度不足。"客户很不客气地告诉他："这些问题我们早已排除掉了。希望你慎重地给出结论！"后经证实，这个大楼的室分问题是射频直放站安装不规范，出现了自激。

有一句话说得好："正确的判断来源于经验，但经验同时是错误判断的原因。"利用以往经验作出判断时，不宜"匆忙地下结论"！要小心论证、多方求证，做一个尊重事实、谨慎出言的人。这才是室分优化No.1的必要素质。

从"知识"变成"经验"，再从"经验"上升到"智慧"，是一个辛苦的过程，要忍受太多的寂寞和孤独，要经受太多的责难和非议。幻想从"地狱"到"天堂"的跃变，是非常可笑的、狂妄的想法。

现在社会上的一些人，太虚无、太浮躁、太狂妄，常把小聪明当大智慧。拥有智慧的人，他能够对事物做出正确的判断，但从不轻易做出判断。他说得少，做得多，真正做到"言寡尤、行寡悔"，达到了人生智慧的最高境界："知行合一"。

虽然我们离"智慧"的最高境界还有很大的差距，但是我们不要放弃向这个境界奋进的努力。

首先感谢我的父母，由于工作繁忙，我很少有时间回去看望他们，他们总是非常谅解我："先忙工作要紧。"

本书的写作过程中，我和不少拥有室内分布系统项目实际操作经验的运营商朋友、设计院朋友、室分厂家的朋友、设备厂家的朋友进行了充分的沟通，融入了不少有价值的实战经验。在此对这些朋友表示衷心的感谢！

在生活上，我很少操心穿衣吃饭的事情；感谢我的妻子在本书写作过程中任劳任怨地操持家务。

最后，感谢所有曾经帮助过我、激励过我、理解过我的人，他们使我性格上不断成熟、人格上不断完善。